当我将变化当成一种常态，持续的变化成为了我的风格。

——矶崎新

Contents 目录

THE
ARCHITECTS OF
NIKKEN

刘存泉

杨 晶　　于海平　　吴中寅
李默予　　覃楚涵

福建 兴业银行　　　　　　上海 陆家嘴塘东总部基地
上海 中信广场　　　　　　天津 首创大都汇

刘存泉

专业：建筑学
毕业时间：2005 年
毕业院校：日本筑波大学
　　　　　艺术研究院
学位：建筑系硕士
资质：日本国一级建筑师
职务：株式会社日建设计
　　　设计部门 设计主管

主要设计项目 Major Design Projects

宁波国际金融服务中心北区
上海中信广场
上海陆家嘴世纪金融广场
绿地中心二期（绿地 1960）
福州兴业银行总部大楼
首创大都汇

杨　晶

于海平

吴中寅

李默予

覃楚涵

日建设计公司

　　株式会社日建设计（NIKKEN SEKKEI）是一家开创综合环境设计领域技术和新概念的专家团体，作为世界上大规模的综合设计公司，其综合实力连续多年排名位居世界前列。公司创立于1900 年，当时正是现代主义开始影响建筑领域的时期，一家只有 29 名员工的小型建筑公司成立了，他们负责在大阪建设一座图书馆。这座建筑物得到了广泛的好评，使这家公司得以延续发展。现在，日建设计已拥有超过 2 500 名员工，业务遍及 40 个国家，成为世界上最大、最成功的建筑设计公司之一。

　　进入 21 世纪以来，日建设计的项目为城市面貌带来了巨大的影响，特别是在环太平洋地区，日建设计具有重要的影响力。同时，伴随着中国业务的飞速增长，2006 年日建设计正式在上海设立了独资子公司——日建设计（上海）咨询有限公司。日建设计（上海）成立十多年以来，逐渐培养了一支稳定、优秀的设计团队。上海的设计团队现有成员 20 余名，主要负责人协助总部的设计工作；协调日本团队与国内业主、同行之间的关系，确保国内项目的最终落地。同时也具备独立设计的能力。

　　多年以来，日建设计不断扩大业务范围，承接各类建筑服务项目，从商业、工业和文化建筑到城市开发的规划，再到未来绿色城市的创意，业务种类全面丰富。多元化已经成为日建设计的核心实力之一，日建设计有信心应对各种挑战，同时保持灵活的经营方式，紧跟时代发展的步伐。

福建兴业银行
Fujian Xingye Bank

项目地点： 福建省福州
建筑面积： 125 491 ㎡
设计时间： 2012—2013 年
项目状况： 施工中

为彰显兴业银行的绿色金融理念以及体现当地人文风格，建筑立面通过石材与玻璃的相互咬合，在虚实之间打造人性化尺度的空间与体量。南北立面上的立体造型和丰富表情寓意福州的海洋文化与闽江上晶莹剔透的浪花。立体造型内侧为内开型通风窗，对应福州风向，将新风引入室内，提高室内舒适性，减轻空调负荷。东西立面上的石材营造了福州传统砖瓦石材的意境，同时可作为缓和西晒的节能措施。

总部办公空间东西向贯通，打造明亮通透的电梯厅和共享空间。东西两侧错层设置两层挑空空间，设置开放式楼梯与茶水吧台，促进部门交流之余，也可作为自然通风的垂直通道。银行营业厅、办公区、客服中心各部分通过插入不同尺寸的玻璃盒造型，串联起整体，其内部也成为具有人性化尺度的休息空间。三个楼栋功能分区之间自然构造出两个基地内庭园，通过引进基地东北侧绿地元素与西南侧水元素，形成以静态水景为主的西内庭，以及以动态绿化为主的东内庭。通过两个内庭的风向引导以及前广场绿化水景，改善周边区域的热环境。

上海中信广场
Shanghai Zhongxin Plaza

项目地点：上海市虹口区
建筑面积：147 899 ㎡
设计时间：2005—2006 年
建成时间：2011 年

中信广场的设计课题是如何把超高层建筑融入"历史城市"中。面对外滩鲜明的历史脉络和深厚的文化沉淀，如若以单纯的手法构筑现代建筑，势必会形成对立，生硬的边界和强烈的反差将会破坏街区的连续性。因此，这次设计从城市历史、街区风貌、项目自身的特性出发，追求历史与现代的和谐共生、交相呼应，同时又巧妙地融入对比工法，构筑生动流畅的城市空间，打造任时光流逝永不褪色的建筑形象。

在设计过程中，融入传统"里弄"空间，视线、流线与城市空间和谐交融，立体地构筑具有人文尺度的城市空间，将与传统街区的协调性贯彻始终。

裙房造型的外立面以茶红色为基调，与周边传统历史建筑的红砖墙相呼应，曾经的里弄名、门牌号不经意地嵌刻在外墙上，当人们穿梭于街巷时，隐约唤醒对历史的记忆，感受过往城市风貌。

裙房夜间的间接照明以一种隐喻手法展现了万家灯火的景象。

塔楼 4.5 m 见方的幕墙单元错位排列, 形成个性鲜明的鱼鳞状的玻璃幕墙。以现代手法将传统联排住宅的开口形式展现在高层建筑中, 其侧面通风口有效利用季候风进行自然通风, 酒红色百叶有防水、防止高空坠物等作用, 同时在特定的视角上呼应裙房外墙设计元素, 强调了设计的整体感。

整个设计是与时间的对话, 充分考虑了城市历史、传统街区以及建筑本身的特殊性, 在历史与现代的不断协调和对比中, 展现了适应时代瞬息万变、连续和流动的城市空间。

上海陆家嘴塘东总部基地
Shanghai Tangdong ABP

项目地点： 上海市浦东新区
建筑面积： 444 535 ㎡
设计时间： 2008—2009 年
建成时间： 2014 年

在现代中国城市建设中，许多超高层建筑在造型上具有鲜明的标志性，但是建筑与街区的尺度往往与人性化尺度背道而驰，造成城市空间的分离，形成人与建筑的距离感。陆家嘴金融广场的办公街区设计项目，希望通过办公街区尺度及建筑立面群体造型的设计，营造人与建筑、建筑与城市之间的和谐关系，并与自然融为一体。建筑就如自然界中的结晶物质一样，我们通过建筑精致的单元部件，创造出具有亲人尺度的细节，并与环境相互交融进而形成优美的节奏感，塔楼间围合出密度感和尺度感皆宜的城市空间。

在建筑幕墙的细节设计上，我们研究了中国传统建筑元素的比例，设计出3 m×9 m的2层高幕墙单元，在这个"分子"单元上展开细节设计。在设计技术上，我们考虑了所有部件的遮阳功能及降低玻璃比例以减少光污染的解决方案，最终保证了整体统一的立面设计以及幕墙系统方案。

5栋塔楼共有4 500个幕墙单元，楼栋之间错位布局，于相互对话中形成城市空间，虽然其由5栋超高层办公塔楼的巨大体量围合而成，但在写意的园林街区空间里，打破了大尺度的建筑体量，同时也形成了一道静谧的风景线。

天津首创大都汇
Tianjin Shou chuang

项目地点：天津市
总建筑面积：180 900 m²
设计时间：2015—2016 年
项目状况：施工中

　　设计重点考虑项目与城市空间之间的关系以及如何带给区域振奋人心的空间活力与新力量。首创大都汇项目包含具有公共性的商业办公功能以及需要私密性的住宅功能的两面性。设计上考虑利用面向城市主干道的十字路口地势，打造弧形宏大的商业连续面，同时开放底部的商业空间，通过商业活动氛围内外渗透，以带动区域城市活力。内区商业通过层层退台，结合屋顶和活动平台的绿化，形成面向住宅区的绿色山丘。通过借景手法，延续扩大住宅小区绿化景观视野，确保内区居住环境的幽静。

　　超高层办公大楼拥有雄大与纤细并重的造型设计，幕墙单元与整体建筑造型寓意着凤凰展翅、城市更新的期望，带给城市积极的动力。商业与办公区景观也以形态优美的凤凰羽毛为主题，延伸出流线型的铺装景观空间。流线型的铺装样式加上以凤凰羽毛为主题设计出的特色绿植带，给景观空间带来一份独特旋律，带给城市一道崭新的绿色风景线。

绿地天空树

THE
ARCHITECTS OF
PTA

任湘毅
徐广伟
姚辉

金地玺华邨
金地华著
中南碧桂园·樾府
华润昆仑域

任湘毅

专业：工学
毕业时间：1997 年
学位：工学学士
毕业院校：苏州科技大学
职务：PTA 上海柏涛
董事
副总经理
总建筑师

主要设计项目 Major Design Projects

金地华著
金地中央世家
金地电建华宸
金地玺华邸
招商都会中心
中信泰富鸿玺郡
上海华润橡树湾（三期）
福州华润橡树湾
华润赣州万象城
徐州万科城
绿地湖湘中心
绿地海珀香庭

徐广伟

专业：建筑学
毕业时间：2004 年
学位：建筑学学士
毕业院校：山东建筑大学
职务：PTA 上海柏涛
董事
副总经理
总建筑师

主要设计项目 Major Design Projects

绿地卢塞恩风情小镇
中南碧桂园·樾府
中南融创融信西虹桥壹号
郑州九龙湖金茂府
郑州绿地公园城
郑州正商善水上境
金地中央世家
融侨铂樾府
苏州海胥兰庭
苏州荷澜庭
东原乐见城
中山实地翠景

姚 辉

专业：建筑学
毕业时间：1994 年
学位：建筑学学士
毕业院校：沈阳建筑工程学院
职务：PTA 上海柏涛
董事
副总经理
总建筑师

主要设计项目 Major Design Projects

无锡绿地天空树
华润太原昆仑域
华润济南中央公园
绿地西水东
绿地海珀兰轩
绿地上海法兰西世家
路劲上海院子雅院
路劲嘉兴金茂府
亚新美好艺境
中冶国际商务城
保集湖海塘庄园

Shanghai **PTA**rchitects 上柏
www.pta-sh.com.cn 海涛

PTA 上海柏涛

　　PTA上海柏涛创立于2003年，是在华外资建筑设计品牌——柏涛®设计PT DESIGN中国机构创始成员，全球知名设计品牌——澳大利亚柏涛（墨尔本）建筑设计有限公司中国合作机构。

　　经过十多年发展，上海柏涛在中国境内已拥有千余名设计精英，设有成都、北京、南京和杭州事业部。凭借源源不断的创新能力，上海柏涛已经成为业界卓越的方案设计公司。在中国城市发展的大潮中，上海柏涛与合作伙伴秉持"设计引领生活，建造实现理想"的设计理念，共同打造张张靓丽的城市名片和片片宜居社区。

　　上海柏涛致力为城市发展提供高端的专业服务，在建筑设计、景观设计、室内设计等领域，以"创新、质量、服务"为原则，与全球及中国知名的城市发展商携手"设计，引领美好生活"。

金地玺华邸
Treasure in City of Gemdale

占地面积: 75 189 m²
建筑面积: 105 189 m²
容积率: 1.0
绿化率: 35%

　　金地玺华邸,是金地褐石系列首次以别墅为主打产品的全新项目,一改往日褐石产品的形象,糅合学院元素,于住宅作品中展现独特文化气质,诞生自传统,又显现匠心独运的经典风格。

　　褐石建筑起源于欧洲,兴盛于美国纽约,金地与上海柏涛联手,将在美国延续半个多世纪的褐石风格引入中国。传统褐石街区给人以风情、活力、开放、热情的城市印象,金地玺华邸在褐石1.0版风情洋房的基础之上,大胆尝试,通过添加不同的设计元素,打造静谧、典雅、传世的褐石都市庄园。

　　以美国波士顿大学校园为蓝本,金地玺华邸追求典雅的学院形象,如大学校园图书馆般的售楼中心之上,红砖肌理与高透白玻璃相呼应,形成光与影的交融,彰显了典雅的学院文化气质,给人们带来与众不同的居住体验。

　　褐石石材、砖石和红砖,是褐石建筑最显著的特征,而五种不同砖材料的结合运用,是上海柏涛在褐石产品上的又一大胆尝试。柔性面砖、字母凸砖、镂空砖、文化砖、釉面砖,金地玺华邸在不同区位使用不同材质,打破单一形式,灵活展现丰富多变的立面效果。

金地华著
OPUS Beijing of Gemdale

占地面积： 5 378 m²
建筑面积： 16 136 m²
容积率： 3.0
绿化率： 30%

金地华系品牌，延续北京历史的专属定制，唤醒皇家文脉的东方意境，共筑世界城市文明精髓的巅峰礼遇。

凝聚东方美学的金地华著身居西二环腹地，立踞兴盛元、明、清三朝的龙脉核心，三山五园的源点，拥揽150万 m²皇家双公园（万牲园、紫竹院）景色，临近中关村和金融街两大核心商圈。

立面手法上，铜质立面，汉阙之檐，对语紫禁城大屋檐，演绎世界豪宅的东方美学格调。强调横向线条，形成稳重、大气无边的气度，厚重石材砌筑的建筑基座，精致细节的建筑中部，中式风格的建筑顶部，其色各异，其质各异。

户型上，充分体现高端产品的特质。大面宽，小进深，客厅部分南向为整面落地窗，实现南向资源最优化，城市景观一览无余，尽显豪宅品质。

中南碧桂园·樾府
Oriental Mansion, Zhongnan Group & Country Garden

占地面积： 76 239 m²
建筑面积： 102 677 m²
容积率： 3.80
绿化率： 40%

设计之初，设计师深入解析云南地域文化，萃取"多山丘而少平原，高原结合山水"的地脉特征，提取"一颗印"独具特色的传统居住建筑空间形制。二者结合，剥去纯古建筑的语言，构成"人行上下中，景驻起伏间"的格局，同时采用现代的设计手法与材料，展现一个具有当地特色且富有创新性的示范区。

建筑及其构筑的简约回字形作为主体，结合庭院串联起一幅情景交融的诗意画卷。不同高度的坡屋顶配以中式的小青瓦，整体布局错落有致。朴素的墙面适当地搭配落地玻璃和格栅，在规整的形体中增添了几分轻盈和灵动。

庭院通过虚、实、围、透等手法来营造建筑的空间和意境。素净的玻璃、律动的格栅，共同围合成景观内院。整栋建筑设有多进院子，以廊相连。经过南侧一个标识性的入口，蜿蜒曲折进入到豁然开朗的空间。其他空间以连廊为纽带，依附于两院四周，共同烘托出富有禅意的东方美学意境。

绿地卢塞恩小镇

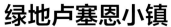

Acqua Luzern, Greenland

占地面积： 432 183 m²
建筑面积： 436 000 m²
容积率： 1.01
绿化率： 15%

　　绿地卢塞恩小镇位于南昌市红谷滩新区南侧，西靠西站CBD，东望赣江，北近国体中心，南临规划九龙湖，是集文化、旅游、商业、办公、居住、娱乐于一体的大型综合型社区。以"一湖、两带"为脉络，串联城市公园及各区域中心，依托湖景，以滨水欢乐海岸和创意中心为核心，打造滨湖高端欧洲风情小镇。

　　绿地卢塞恩小镇项目以瑞士卢塞恩为设计原型，总体规划植入"瑞士风情小镇"规划理念，引入"四大主题、六大广场、八大标志、十大喷泉"的特色元素，让欧洲经典在南昌重现。

　　瑞士建筑风格及中心文化广场从整体布局到一砖一瓦都体现了原汁原味的瑞士风情，每个街区都呈现不同的空间尺度效果和场景特征，人文精神从此落地生根。

　　小镇中心广场放射式的整体布局，通过主要人行轴线衔接各个特色组团，建筑空间疏密有致，不同年代和气质的建筑围合成自成体系的多元化街区。规划营造了绿色生态的空间，强调人、建筑、自然的共生融合，注入健康休闲的理念，提升环境品质。

华润昆仑域
Huarun Kunlun Region

占地面积： 106 723 m²

建筑面积： 373 529 m²

容积率： 3.50

绿化率： 30.17%

省立一中牌楼、晋绥军官教导团旧址、行知礼堂，每一个地名的背后都有一段与太原古城相关的故事。华润昆仑域，选址太原中心城区师院地块，一举奠定"地王"之名，但仍不忘传承之心，以保留建筑为中轴，营造出承载历史记忆的开放空间，利用起、承、转、合四个节点体现中轴的张力，打造超尺度的社区景观和具有活力的商业系统，一轴三元，通过点线面相结合的商业布局，引爆地块的商业潜能！

建筑则采用经典的大都会风格，自然与经典的杰出合作赋予了建筑经久不衰的生命力，精雕细琢的住宅立面历久弥新，大气稳重的气质成就精英阶层的价值取向。

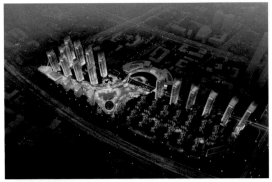

绿地天空树
Sky Tree of Greenland

占地面积：164 673 m²
建筑面积：337 580 m²
容积率：2.05
绿化率：30.1%

作为长三角地区首个地铁车辆段上盖 TOD 城市解决方案，无锡绿地天空树因山借水，坐享雪浪山与太湖景致，人文气息浓厚，周边商业设施配套完善，是身兼"太湖新城文化空间连接器"之职的多功能复合型城市综合体。未来 TOD 城市以地铁为核心，穿行地下商业，从各主题出口直达高地公园，创造未来立体圈层，是家，又不仅仅是家，集创意、居家、娱乐为一体的一站式垂直商魔方，能够满足现代都市人休闲与生活的全部需求，完善交通与宜居的双系统。

周边近 50 亩（约 3.3 万 m²）城市高地公园、2 000 m² 水系景观，是社区核心，更是生态核心，以纽约高线公园"植一筑"的核心策略，打造太湖新城地铁动线上的著名景点，培育生态空间，反哺城市生长。先期启动区寄趣山水，步移景异，城市公园、蒲公英草原、星云之湖、时光戏台、超级碗、彩虹桥等系列场景，串联起现代都市的桃花源。南区集合地铁之核、体验商业、墅质洋房和天际公寓四大主题元素，与启动区紧密结合，相得益彰。

THE ARCHITECTS OF DDB

郑滢
滕露莹
颜莺

金科贾鲁新天地城市设计
金科博翠书院小镇
颍上外城河综合改造工程
达州莲花湖商业小镇
西安曲江文创中心
营口自贸区总部经济园区
葛洲坝高端装备产业园（一期）
宁波鄞州南部商务区三期 B2 地块
陕西大剧院室内设计

DDB ╳╳╳

上海秉仁建筑师事务所（普通合伙）
DDB ARCHITECTS SHANGHAI

郑 滢

专业：建筑学 / 城市规划

毕业时间：2007 年

学位：建筑学硕士

毕业院校：同济大学 / 东南大学

职务：上海秉仁建筑师事务所
副总经理

职称：国家一级注册建筑师

国家注册城市规划师

专注于规划康养板块

主要设计项目 Major Design Projects

金科博翠书院小镇

金科贾鲁新天地城市设计

金陵天泉湖旅游生态园紫霞岭沿湖地
块·湖珀园

徐州太阳城慈善山庄养老社区

成都万里春风生态颐养社区

渭南市老城街区域风貌规划

西安南门·碑林文化景区综合改造

颍上外城河综合改造工程

颍上滨河文化广场及尤氏府第修复扩
建项目

西安大唐不夜城文化商业综合体

滕露莹

专业：建筑学

毕业时间：2007 年

学位：建筑学硕士

毕业院校：同济大学

职务：上海秉仁建筑师事务所
副总经理、副总建筑师

职称：国家一级注册建筑师

专注于文化商业板块

主要设计项目 Major Design Projects

合肥大剧院

西安音乐厅及室内设计

陕西大剧院及室内设计

金华科技文化中心及室内设计

宁波文化商业广场

绿地长春新里商业综合体

临潼芷阳广场建筑群商业更新

福州三迪创富广场及华美达酒店

西安曲江文创中心

达州莲花湖商业小镇

颜 莺

专业：建筑学

毕业时间：2008 年

学位：建筑学硕士

毕业院校：同济大学

职务：上海秉仁建筑师事务所
副总建筑师

职称：国家一级注册建筑师

专注于产业办公板块

主要设计项目 Major Design Projects

葛洲坝高端装备产业园

营口自贸区总部经济园区

徐州珠山企业总部

宁波鄞州南部商务区三期 B2 地块

宁波市东部新城行政中心

宁波市公安局

西安临潼骊宫

浙中金融中心

榆林文化商业金融办公综合体

上海秉仁建筑师事务所（普通合伙）

　　上海秉仁建筑师事务所由同济大学教授项秉仁于 1998 年创立，具有建设部建筑设计甲级资质。创立至今，DDB 在浓厚的学术背景影响下，始终立足城市视野，秉持"文化引领设计，创意提升价值"的核心理念，将对文化的思考和理解植入不同类型的设计中，形成持续的创作动力，并在"文商""旅居"两大核心领域积累了丰富的项目经验和专业优势。

金科贾鲁新天地城市设计
Jinke Jialu Xintiandi Urban Design

项目业主： 金科地产股份有限公司、河南国丰园置业有限公司

建筑设计： 上海秉仁建筑师事务所（普通合伙）

项目地点： 河南省郑州市

项目规模： 591 041 m²

建筑面积： 409 053.2 m²

设计时间： 2017—2018 年

　　贾鲁新天地位于郑州市城市主轴沿线，设计以城市为依托，以文化架桥梁，以商业促流量，以产业创活力，秉承以人为本、产城融合、生态优先的区域发展理念，打造集文化旅游、创意办公、情景式与开放式休闲商业街区、新型智慧社区等功能于一体的"城市会客厅"。

　　设计沿贾鲁河东西两岸展开，并将高达20 m的原始地形化解为多个台地，演绎具有中原传统建筑特征的贾鲁水街区域及融合时尚与科技的生态商住区域，一动一静，重绘贾鲁风貌。设计强调文化的认同、感知和体验，在传统与现代之间产生对话，从而构建起新的城市图景和文化序列。

金科博翠书院小镇

Jinke Bocui Shuyuan Town

项目业主： 金科集团、中书控股
建筑设计： 上海秉仁建筑师事务所（普通合伙）
项目地点： 河南省郑州市
项目规模： 约 33.3 万 m²
建筑面积： 55 万 m²
设计时间： 2017—2018 年

金科博翠书院小镇坐落于郑州国际文化创意产业园，背靠郑东新区，地处郑汴产业带轴线核心位置，是未来河南省重点打造的文化高地。

项目集聚区域产业优势，弥合园区产业断层，依托"中国书院""COART""WONTEDDY"三大品牌资源，落地"中国书院小镇""艺莲文创小镇""泰迪城"三大板块，辅以居住、商业、娱乐、休闲、办公五大功能，提出"文化产业驱动、主题公园带动、旅游服务联动"的战略目标，形成"一城两镇""一心两轴"的空间格局，打造河南出彩、郑州出彩的文化创意生态圈。

颍上外城河综合改造工程
Renovation Project of Yingshang Outer City River

项目业主：江苏世邦园林工程有限公司、颍上县城乡规划局
建筑设计：上海秉仁建筑师事务所（普通合伙）
项目地点：安徽省颍上县
项目规模：469 000 m²
建筑面积：130 808 m²
设计时间：2016 年

颍上外城河位于历史悠久、人文蔚盛的安徽省颍上县，全长3 300 m。规划以"水韵古街、外河别院、阡陌街巷"为核心概念，充分利用外城河的景观特质，挖掘区域内的历史文化元素，商业步行街与滨河步行街穿插交替，形成不同主题、不同层次的空间节点。设计重新梳理了街巷尺度与院落关系，将皖北水乡的空间格局有机整合到地块内部，形成水上街市区、餐饮民宿区、文化展示区、古韵风情区和滨水公园区五大功能区，使外城河重现颍上传统风貌，成为推动旅游繁荣发展的文化景观带。

达州莲花湖商业小镇
Lotus Wtown, Dazhou

项目业主：四川宏义地产控股集团有限公司
建筑设计：上海秉仁建筑师事务所（普通合伙）
项目地点：四川省达州市
项目规模：188 344 m²
建筑面积：136 000 m²
设计时间：2018 年

　　莲花湖位于达州市通川区西北角，片区拥有深厚的历史沉淀，展现了传统的巴人文化特色和民俗风情。设计采用"一心、两轴、三带"的空间结构，充分利用山水环境的天然优势，打造文化与山水环抱融合的规划体系。设计契合莲花湖的水韵气象，引入水系，打造如梦如幻的莲花水镇；小镇依山而建，层叠向上，形成富于变化的山地街巷及吊脚空间，继承了川东传统民居的特征。

　　围绕巴人文化，设计将达州之人文风韵、民俗风物进行创意性的当代演绎，结合餐饮、零售、休闲、住宿等一站式商业功能，打造兼具文化调性、旅游风情、度假属性的体验式街区，使之成为真正具有现代地域特质的文化小镇。

西安曲江文创中心
Qujiang Cultural and Creative Center, Xi'an

项目业主： 西安曲江丰欣置业有限公司、西安曲江大唐不夜城
文化商业（集团）有限公司
建筑设计： 上海秉仁建筑师事务所（普通合伙）
项目地点： 陕西省西安市
项目规模： 44 954.22 ㎡
建筑面积： 482 873 ㎡
设计时间： 2017—2018 年

　　曲江文创中心位于陕西省西安市曲江新区，依托国家级
文化产业园区的集聚优势，未来将有巨大的发展潜力。项目
包括双子塔、甲级办公、文创孵化办公、商业裙房及文创联合
办公。设计力图建设世界水准、西安一流的高品质复合业态
办公园区，打造曲江东大门的城市新地标。

　　设计以"晶"之城、"云"之谷为核心理念，超高层塔楼采
用玻璃幕墙切角处理，整体形象如水晶般晶莹通透；高层办
公与商业裙房的衔接错落有致。设计利用地块南北向的天然
高差，组织不同标高的场地，围合成自洽的内部环境。而当
代艺术与文创产业等新兴产业的介入，更是为场地创造出人
性化、共享式的绿色场所体验。

营口自贸区总部经济园区

Yingkou Free Trade Zone Headquarters Economic Park

项目业主：营口自贸区双创开发有限公司
建筑设计：上海秉仁建筑师事务所（普通合伙）
项目地点：辽宁省营口市
项目规模：104 256 m²
建筑面积：211 411 m²
设计时间：2017 年

营口地处辽东半岛中枢，依托"一带一路"的发展契机，成为辽宁对外经贸的重要推手。项目位于营口主城区西部，包括总部经济大厦、金融创新大厦、国际商品展示及销售中心、企业服务中心。规划设计遵循"两轴一心"的空间格局，东西向景观绿轴和南北向公共服务轴串联各个组团，形成视线通廊和交通动线；建筑设计以汉字"口"为原型，体现严谨庄重的企业特征，总部经济大厦与金融创新大厦以企业服务中心为对称点呈中心对称，着力打造展示城市形象、城市品质和城市服务的公共舞台。

Yingkou Free Trade Zone Headquarters Economic Park

葛洲坝高端装备产业园（一期）

Gezhouba High-end Equipment Industrial
Park (Phase I)

项目业主：中国葛洲坝集团装备工业有限公司
建筑设计：上海秉仁建筑师事务所（普通合伙）
项目地点：湖北省武汉市
项目规模：454 085 m²
建筑面积：418 642 m²
设计时间：2017—2018 年

项目位于武汉市东西湖区临空港经济技术开发区。园区规划充分考虑产、学、研、园四大模块的高效复合与一体化设计，渗透"产业公园"的核心理念，园中造景，由内及外，打造国际一流的生态智慧型产业园。设计以"漂浮的水晶"为意象，建筑仿佛漂浮于水面之上，"形"与"影"在水中交错重叠、影影绰绰，而错动、叠加的组合关系，又营造出延绵不绝的连续性与统一性，意指"中国智造"的风貌与内涵。

一期园区包括厂房区和核心区两大部分。厂房区位于园区西侧，设计运用简洁的建筑语言和模块化的构造逻辑，实现大气、现代、实用的整体形象。核心区位于东侧，由研发中心、办公大楼、会展中心、综合服务等功能板块组成，为园区提供了完整的配套服务；建筑与庭院有机组合，形成丰富的空间层次和景观韵律。

宁波鄞州南部商务区三期 B2 地块

Block B2, Central Business District (Phase Third)
in South Yinzhou, Ningbo

项目业主：鄞州区城市建设投资发展有限公司
建筑设计：上海秉仁建筑师事务所（普通合伙）
项目地点：浙江省宁波市
项目规模：10 045 m²
建筑面积：30 135 m²
设计时间：2017 年

　　鄞州南部商务区是宁波市最具活力的高端商务经济集聚区。设计的主要策略是基于地块周边的业态现状和环境资源，形成整体性较强的半开放空间，通过连廊与北侧地块衔接，并尝试与已建成的一期及未来四期地块建立联系，解决整体商业氛围不足、无差异化业态发展等困境，满足地区化、特色化的商办服务要求。

　　设计针对中小型企业这一市场的主力客户群，提供了多类型、差异化、高去化率、高附加值的特色办公产品。在单元空间标准化的基础上，提升空间组合的灵活度。建筑在构成"内"的同时，更着力打开界面，发展出一系列具有外部属性的景观办公空间。

陕西大剧院室内设计
Shanxi Opera House

项目业主： 西安曲江大唐不夜城文化商业（集团）有限公司
建筑设计： 上海秉仁建筑师事务所（普通合伙）
项目地点： 陕西省西安市
项目规模： 23 027 m²
建筑面积： 52 324 m²
设计时间： 2017 年

陕西大剧院位于西安大唐不夜城贞观文化广场，设计从唐文化中汲取灵感，围绕"唐形""唐意""唐色"三大元素，试图用现代手法来演绎盛唐文化的神韵和风采。

走进剧院，一个巨大的盘旋楼梯如同壁画中的霓裳羽衣迎面而来，形成剧院空间的铺陈和引导。设计打破了矩形门厅空间沉闷、刻板的格局，将唐代乐舞的意象融入室内建构，在灵动、轻盈的流线中迂回辗转，突显出空间的艺术性。

观众厅采用重竹竹木材料，天面、墙体和侧向栏板成为星空、莲花、水波的载体，隐喻"星空盛莲"的华丽景象。多功能厅则与之形成对比，大面积的黑色处理暗示空间的稳定性；选取唐三彩中的绿色釉彩进行点缀，与整体氛围营造出一种超现实的意境。

THE ARCHITECTS of aoe

温 群

贵阳天一国际广场
中铁西安大明宫售楼处
重庆中铁西派城售楼处
西安交通利物浦大学行政信息楼
青岛中欧国际城展览中心
融创重庆国宾壹号院售楼处

主要设计项目 Major Design Projects

融创重庆国宾壹号院售楼处
重庆中铁西派城售楼处
西安交通利物浦大学行政信息楼
贵阳天一国际广场
青岛金茂中欧国际城
北京雁栖湖国际会都
重庆富沙磁文化广场
融创重庆鹿角商业广场
其中多个项目荣获国际顶级设计大奖

温 群

温群先生硕士毕业于美国加州理工大学并荣获研究生毕业大奖。美国加州理工大学是美国南加州学派的摇篮，建筑大师弗兰克·盖里，汤姆·梅恩等都为此校的教授

温群先生拥有国际背景并荣获多项国际设计大奖，是一个关注人类生活环境和空间的创意型建筑师。他曾在世界顶级设计事务所任设计总监，其中包括凯达环球、伍兹贝格以及艾亦康。他的许多作品屡获国际设计界的赞誉并赢得多项大奖。其中包括 AIA, MIPIM, A-Design, Asia Design Prize 金奖，等等。凭借丰富的经验、国际视野和创新精神，温群先生创办的专注高端品质的设计事务所——事建组正成为国际建筑设计领域的一股越来越有影响力的设计力量。

贵阳天一国际广场
Tianyi International Plaza in Guiyang

建筑地点： 贵州省贵阳市
建筑功能： 办公
规划面积： 106 115 m²
面积： 180 000 m²
设计时间： 2015 年
项目状态： 建成
主创设计： 温群

贵阳天一国际广场是坐落于贵州省会贵阳市的金阳新区的大型城市综合体，该高层商务办公建筑以"高山流水"作为设计理念，取意黄果树瀑布，与贵州本土的自然人文风情相融合，彰显贵州特有的山水文化。立面设计强调竖向线条，犹如从高山深处倾泻而下的瀑布，恢宏大气，又富有动态美与韵律美。表皮的高效能利用，使建筑达到了经济效益、社会效益和环境效益的有机统一。同时外立面窗墙系统为办公空间提供明亮开敞的都市景观视野，真正实现花园式办公。

中铁西安大明宫售楼处
CRCC Daminggong Sales Offic in Xi'an

项目业主： 中国铁建   **设计时间：** 2016 年

建设地点： 陕西省西安市   **主创设计：** 温群

面积： 2 590 m²

建筑功能： 售楼处

    西安，古称长安、镐京，是中华文明重要的发祥地，为十三朝古都之一。中铁西安大明宫售楼处就位于著名的唐长安城大明宫遗址旁。该设计与环境相呼应，以高台建筑为设计理念，"高台榭，美宫室"。 建筑体量庄严厚重，屋顶采用抽象化的出挑屋檐，立面选用毛面石材与中空Low-E玻璃，设计师利用这些现代化的元素，还原了千百年前大明宫殿的恢宏气势，使之与周边环境融为一体，与西安古都的文化气质相契合，彰显出中华五千年来深厚的历史文化底蕴。

重庆中铁西派城售楼处
CRCC Chongqing City Park Sales Office

项目业主：中国铁建
建设地点：重庆市
建筑功能：售楼处
建筑面积：2 086 m²
设计时间：2017 年
主创设计：温群
设计团队：邱双慈 牛志宇

中铁西派城售楼处位于重庆，本项目整体造型简洁优雅，没有过多的修饰，利用不同材料间的碰撞营造建筑的意境。建筑的上半部分使用深色不透明玻璃，下半部分使用透明玻璃，使整体建筑犹如一个漂浮在空中的黑色盒子。屋顶部分使用悬挑出来的飞檐，在建筑入口处形成灰空间，并使用抛光不锈钢作为主要材料。由于抛光不锈钢的反射，人们在进入建筑之前就能很好地与建筑进行互动。而抛光不锈钢如同哈哈镜一般的反射效果又增添了建筑的戏剧性。

西安交通利物浦大学行政信息楼

Xi'an Jiaotong-liverpool University Administrative Building

项目业主：苏州工业园区高等教育投资发展有限公司

建设地点：苏州西交利物浦大学

面积：44 668.7 m²

建筑功能：大学行政信息楼

设计时间：2013 年

设计主创：温群

由温群先生在 AEDAS 在职董事期间完成

　　西交利物浦大学坐落于苏州独墅湖畔，行政信息楼作为西交利物浦大学的形象主楼，主要功能为行政中心、培训中心、学习信息中心和学生活动中心。其建筑形态源自苏州文化"太湖石"，建筑上采用了切割手法把内部孔洞暴露出来，形成空中孔洞庭院，与具体的功能空间密切衔接，满足建筑所必需的采光、通风、交通需求。建筑内部各部分功能空间既相互独立，又通过虚的空间将各部分有机地组织在一起。建筑立面采用不同进深的遮阳百叶，形成"太湖石"的肌理，构成了自遮阳系统，大大降低了阳光的直射程度。这样既实现了保温隔热的效果，又把自然光引入室内，充分满足了室内照明要求。

青岛中欧国际城展览中心

Qingdao Sino EU International City Exhibition Center

项目业主：方兴地产
建设地点：山东省青岛市
建筑功能：展示中心
建筑面积：374 456 ㎡
设计时间：2014 年
主创设计：温群
由温群先生在 AEDAS 在职董事期间完成

　　青岛位于山东半岛东南沿海，因依托黄海而成为著名的滨海度假旅游城市及国际性港口城市，海洋文化赋予了青岛特有的活力。中欧国际城展览中心从海洋中汲取设计灵感，建筑玻璃幕墙外的第二层皮肤，犹如起伏的波浪，而入口处掀起的波浪呈欢迎之势，引人入胜。表皮的构架直接暴露在外，展现出建筑的构造与结构美，同时能达到节能环保的效果。

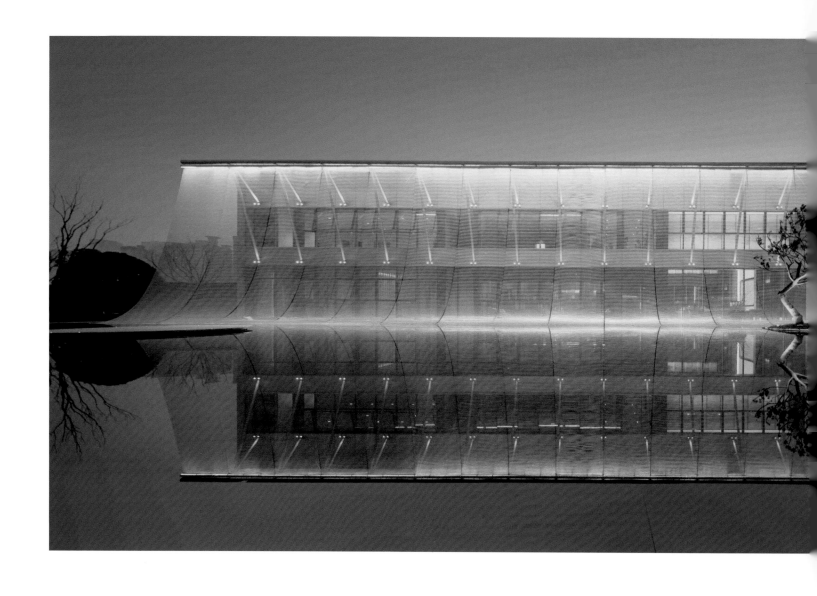

融创重庆国宾壹号院售楼处
Chongqing Sunac One Central Mansion Sales Office

项目业主： 融创西南区域集团重庆公司
建设地点： 重庆市渝中区虎歇路
建筑功能： 售楼处 / 幼儿园
面积： 2 000 ㎡
设计时间： 2017 年
主创设计： 温群

设计者试图寻找一种途径，用新的技术、材料、观念来挖掘中国建筑文化中的精髓部分，创造全新的适应时代发展的中国建筑形式，让中国文化的价值重新回归，以重塑文化自信。

重庆市虎歇路国宾壹号院售楼处项目是由项目内配套的幼儿园先期作为售楼处使用，项目的难点在于两个不同功能的建筑对空间和造型的要求完全不同。我们采取的策略是在幼儿园建筑的外面增加另外一层可拆卸的环保表皮，对中式建筑从意境方面进行表达。区别于西方以砖石为基础的建筑，古代中式建筑不以几何造型作为建筑表现的基础，相反的是，中式的木构建筑更加注重表现建筑构造的逻辑之美。柱、梁、斗拱、橡、檩等结构构件暴露，一切遵从自然的力学法则，所以才会呈现出毫不矫揉造作的优美造型，尤其是屋顶的弧线，配合出挑的屋檐所形成的灰空间与周边的自然环境紧密融为一体，达到人和自然的共生状态。

售楼处的造型是在传达这样的一种理念：利用现代的半透明的金属幕帘这种绿色环

保材料，形成内外空间在视觉上和空间上的内敛而优雅的过渡，半透明材料所呈现的若隐若现的视觉模糊传递着层次丰富的空间纵深感，利用金属幕帘自然下垂所形成的符合自然力学逻辑的优美弧线向同样符合自然力学逻辑的中式建筑致敬；通过外露的形式把现代钢结构的逻辑之美表现出来，与景观结合在一起形成朦胧而富有诗意的空间，半透明的金属幕帘又作为遮阳的第二层皮肤起到了节能环保的作用，虽然建筑的造型和材料都是现代的，但是核心理念和中式建筑一脉相承，不以几何造型取胜，道法自然，大道无形。

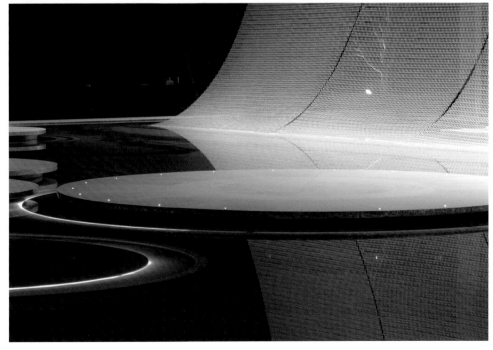

THE ARCHITECTS OF DECO-LAND

邹　航
严　晖

重庆山东大厦
湖北民居
成都龙湖悠山郡
纳米比亚中资公司生活区
深圳理想城
鹏润悦秀城
中港·燊海森林

道克建築
DECO-LAND DESIGNING CONSULTANTS (AUSTRALIA)

Tony Zou 邹　航

专业：建筑学
毕业时间：1998 年
学位：建筑学硕士
毕业院校：重庆建筑大学
职务：深圳市道克建筑设计有限公司 联合创始人
首席建筑师
职称：国家一级注册建筑师
《UED 城市环境设计》特邀编委及理事顾问
《中国建筑年鉴》特邀编委及理事顾问

主要设计项目 Major Design Projects

成都·龙湖悠山郡
西安·金地尚林苑
四川·中港·燊海森林
天津·泰达时代广场
南通·东恒盛国际公馆
南通·东恒盛国际五星级酒店
重庆·金融后援服务中心
重庆·御景天成住宅项目
西安·鹏润悦秀城
重庆·鹏润悦秀上东
深圳·理想时代大厦
深圳·沙湖金融大厦
重庆·山东大厦
湖北·咸宁民居

Eric Yan 严　晖

专业：建筑学
毕业时间：1999 年
学位：建筑学学士
毕业院校：重庆建筑大学
职务：深圳市道克建筑设计有限公司 董事合伙人
设计总监
职称：国家一级注册建筑师
《时代楼盘》特邀编委及理事顾问
《时代建筑》特邀编委及理事顾问

主要设计项目 Major Design Projects

常州·中航城
芜湖·中航滨江城
太原·太行温泉城
临汾·御景水城
贵阳·现代城
贵阳·民族大酒店
贵阳·众福博览城
贵阳·花溪花语
重庆·水墨江南住宅区
四川·波士顿国际景上住宅区
贵阳·保利文化艺术港
太原·太化温泉城
广州·逸涛城市综合体
天津·泰达时代城

DECO-LAND 道克建筑

DECO-LAND 道克建筑是澳大利亚 – 中国知名跨国设计机构，全球城市建设和开发领域的专业服务商。DECO-LAND 进入中国十八年，大中华区总部位于深圳，并在北京、重庆、成都、南京、西安等城市设有分支机构。

道克建筑专注于现代国际化城市规划发展高端产品的专业服务，是碧桂园、万科、龙湖、保利、金地、泰达、恒大、远洋等众多国内一线发展商长期战略合作伙伴。业务覆盖国内大部分城市，设计方案更涉及澳大利亚、中非等。

道克建筑拥有澳洲、加拿大的皇家建筑设计师和本土先锋设计团队，致力研究大型城市商业综合体的设计与运营、高端居住产品的人居产品设计、特色小镇的规划设计、城市更新设计。在产业研究、建筑设计、景观设计、室内设计等领域影响广泛，连续多年荣获住建部颁发的"中国最具品牌价值设计机构"和联合国工业发展组织颁发的"低碳经济贡献奖"，位列《2011—2012 中国建筑设计作品年鉴》境外建筑设计机构榜单第十位。

在全球化发展潮流下，道克建筑立足国际视野，紧扣时代脉搏，不定期组织团队前往世界各地考察学习，不断为新世纪、新城市、新建筑、新问题提供新的解决方案，从广阔的城市视角和特定的城市体验中解读建筑的内涵，并予客户践行兼善的设计成果。

重庆山东大厦
Shandong Building in Chongqing

工程地点：重庆市渝北区

用地面积：33 000 m²

建筑面积：200 000 m²

建筑高度：350 m

建筑功能：办公

设计时间：2011 年

设计单位：道克建筑

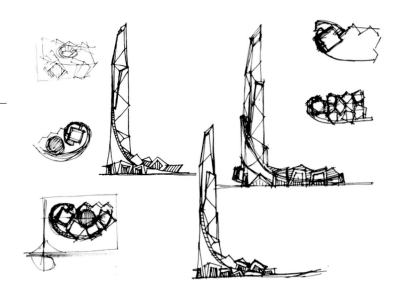

　　项目位于重庆市发展最快的两江新区，邻近机场高速公路的一个地块，用地相对平整开阔。客户要求将其建设成重庆的"地标"。

　　"地标"是当代设计师特别关注的一个课题。所谓标志性，可能是高、新、奇，总之要引人注目。我们认为更重要的是，"地标"应是一座城市的缩影，体现一座城市的文化气质。

　　作为山东驻重庆办事处项目，集重庆、山东两地的何种气质于一体才能有着标志性的气场呢？重庆钟灵毓秀，重庆女子美的标致，因此强调设计语言和元素的阴柔性无疑成为一个恰当的选项，以曼妙身姿的线条、飘扬飞舞的裙裾作为设计母体予以建构。而山东、重庆又都有巍峨的大山、阳刚的男性、直爽的人民，设计上亦强调坚强刚毅、明快爽朗，所以裙楼辅以山体交错、高崖危岩的形态叠合，与修长的塔楼形成极具张力的绝美对比，巧妙地强化了项目的性格特质，从而使隐喻通过一个个对比和韵律的叠加得到实现。

湖北民居
Hubei Dwellings

项目业主：私人
建设地点：湖北咸宁
建筑功能：住宅
用地面积：400 m²
建筑面积：516 m²
设计时间：2018 年
项目状态：在建
设计单位：道克建筑

项目由旧栋和新居组成，新旧建筑以入口的进院相联系，旧栋为改造、为回忆，新居为新建、为展望。设计受到传统空间中"多重叠合院落"的启发，将原本的前后院改变为"三进院"，以此适应从公共到私密逐级过渡的功能使用模式，并利用院落的逐层过渡在喧闹的村巷之中营造出宁静和自然的诗意场景。

新居的建筑体在形式上尽量考虑与两侧坡顶老建筑在尺度、采光、距离上的协调关系。内部空间围绕一个长方形的主庭院展开，主要使用通透、半透明材料及白墙灰瓦以弱化一个实体空间的物质存在感，营造有别于老建筑的轻、透、飘的氛围。南部旧栋在改造上强调与村路的隔离；北部新居是最为私密的客房区域，透过落地玻璃窗，视线向南掠过层叠的灰瓦屋顶直抵绿树蓝天、向西毫无遮拦直达私密内庭。新居的中空挑高，二楼起居室与楼下对望，二楼起居室上部又叠合桥式儿童活动空间，空间之间相互连续和呼应。素色墙壁与时光形成绝妙的调和感，内里洁净、宁谧，同时又生机勃勃。人在其中，看云流走、鸟飞去，光影徐动，清风缓来。从美学的视角在天、地、墙以及家具间游走来建构体块关系，靠这种建构来承载多元且丰富的空间情感，描绘出村中新人向往的生活方式。

回溯传统绘画里的线描，演绎出几套独特山墙、围墙的图案，成为建构上一处不经意的风景，既是隐喻，也是表述。

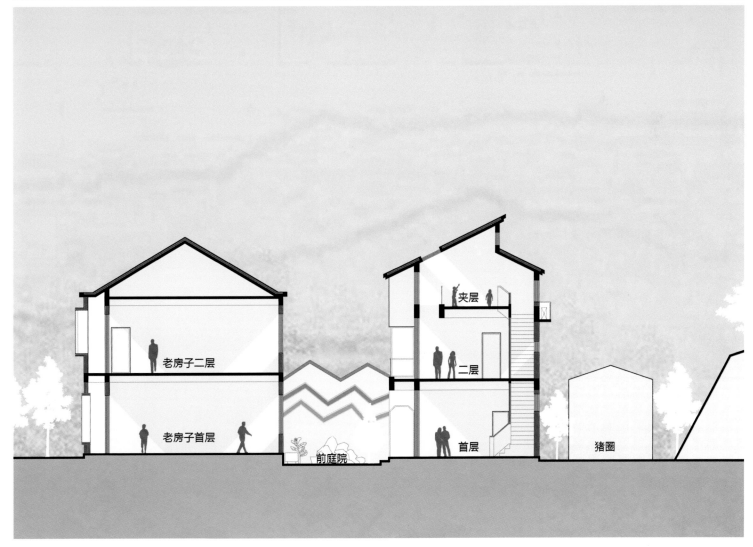

老房子二层

老房子首层

前庭院

夹层

二层

首层

猪圈

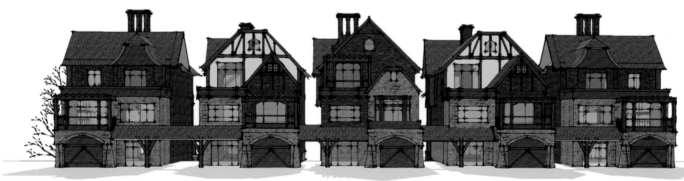

成都龙湖悠山郡
Longfor Quiet Mountain County

项目业主： 龙湖地产　　**设计时间：** 2011 年
建筑地点： 四川省成都市　　**项目状态：** 建成
建筑功能： 别墅　　**设计单位：** 道克建筑
用地面积： 534 000 m²　　**获奖情况：** 2014 金拱奖建筑设计金奖
建筑面积： 427 000 m²

本项目位于成都南面的牧马山中央别墅区，总规模2 920亩（约194.7万 m²），距南三环20分钟车程，是中国西南地区集山景、河流、森林、苗圃、田园风光和城市商业配套等稀缺资源于一身的纯别墅项目。悠山郡是成都所有别墅项目当中景观用地和建筑用地面积比率最高的项目，也是户均视野最开阔的项目。

纳米比亚中资公司生活区
Chinese Companies Apartment in Namibia

项目业主： 东恒盛集团
建筑地点： 纳米比亚
建筑功能： 居住
用地面积： 2 800 ㎡
建筑面积： 1 700 ㎡
设计时间： 2012 年
设计单位： 道克建筑

项目位于纳米比亚高原的边缘，海拔高度为2 000 m。此地是干旱少雨的半沙漠性气候，人口相对稀少，植被却非常茂盛。

本项目为中资企业的员工生活区，但我们却不想做一个仿中式的"唐人"街区。建筑布局延续当地传统村落木屋形态，三面围合、底层架空、相对松散的格局，既相对封闭保有一定的开放性与安全感，又没有阻断季风的贯通，并充分考虑了当地文脉的延续。建筑主体两层楼左右、坡顶采用均有韵律的木构方式，运用当地材料、当地工艺来表现当地的木构与土夯的质感，这些均是在生活层面对本真的思考。

项目也希望得到时间的回应，希望随着时间的流逝，慢慢与当地社区与文化融为一体。用现代的形式、当地的色调、当地的视角，来阐述我们的设计理念，这是对一个地域、一个时代的生活方式最可取的诠释。

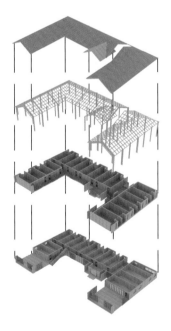

深圳理想城

Shenzhen Dream Tower

项目业主： 新润园地产　　　　　　**建筑功能：** 城市综合体

建设地点： 广东省深圳市　　　　　**设计时间：** 2013 年

用地面积： 125 00 ㎡　　　　　　　**获奖情况：** 2014 金拱奖方案设计金奖

建筑面积： 600 00 ㎡　　　　　　　**设计单位：** 道克建筑

　　理想城项目位于深圳市福田区上梅林繁华商业地段，由一栋高端公寓与一栋高端写字楼组成。两栋建筑设计手法统一，以现代几何的设计方式将外立面形体进行切割搭配，体块层次分明，并配以强调竖向明框的玻璃幕，使得建筑整体大方利落，高端大气的风格与周边浓郁的商业气息高度契合。

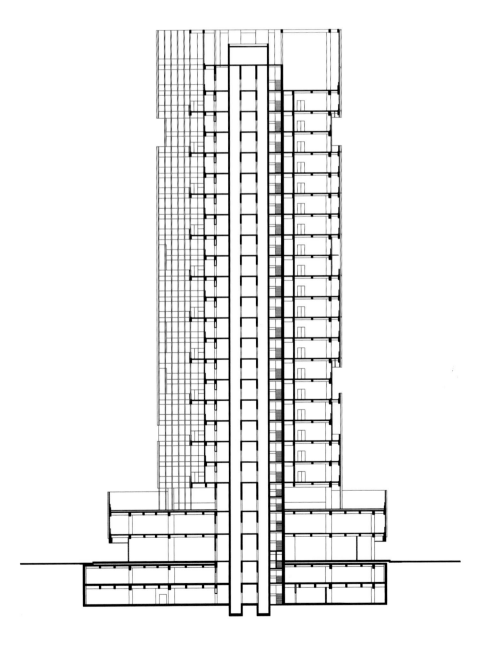

鹏润悦秀城

Eagle Holdings U-show

项目业主：鹏润地产
建设地点：陕西省西安市
用地面积：66 800 ㎡
建筑面积：230 000 ㎡
建筑功能：城市综合体
建筑设计：道克建筑
设计时间：2015 年

项目位于西安大学城附近，被赋予"城市之眼"的寓意。设计将商业建筑提升到城市界面高度，注入历史文化符号，创造体验性场所。项目新型的设计特点吸引了各类人群的眼球，使之成为一个新潮、时尚的交流和聚会的场所。

中港·燊海森林

Zkre Shenhai Forest

项目业主：中港置业

建筑地点：四川省自贡市

建筑功能：住宅

用地面积：221 000 ㎡

建筑面积：325 000 ㎡

设计时间：2014 年

设计单位：道克建筑

获奖情况：2015 年金盘奖别墅年度人气奖

　　项目是位于川中城市自贡近郊的大型复合项目，环绕一个452.96亩（约30.2万㎡）的山地湖泊"卧龙湖"而连绵起伏地展开，用地及周边原生态植被十分优美，拥有独特的自然盐卤温泉资源。深入研究德国、瑞士、奥地利三国的知名小镇的建筑风格后，最终决定以德国巴登小镇的泛普鲁士风格呈现建筑立面，大量应用欧式风情装饰，形成充满厚重感、历史感、品质感的建筑群落，让人体验到浓郁的异国风情。

THE ARCHITECTS OF BCCI

唐　莉
白　帆
梁　衡
徐思璐
熊晓凤

泸州莱克汽车城
遵义市第二十一中学
渝能嘉湾一号
华西健康城
碧桂园·天下川江
象山森林公园
遵义机场酒店
六盘水锦华新时代

唐　莉

专业：建筑学
毕业时间：1999 年
学位：建筑学硕士
毕业院校：同济大学
职务：建筑副总监
职称：一级注册建筑师
注册规划师
高级工程师

主要设计项目 Major Design Projects

重庆红岩魂广场
重庆南坪中心交通枢纽
重庆轨道六号线小什字站
重庆渝能嘉湾一号
遵义市第二十二中学整体迁建工程
遵义市播州区图书馆
遵义市第二十一中学整体迁建工程
遵义象山公园
合江县中医医院
华西健康城

白　帆

专业：土木工程
毕业时间：2005 年
学位：土木工程学士
毕业院校：重庆大学
职务：建筑技术所所长
职称：高级工程师

主要设计项目 Major Design Projects

遵义市播州区图书馆
遵义市第二十一中学整体迁建工程
遵义机场酒店
遵义党校
泸州碧桂园天下川江
六盘水锦华新时代
昆明禄劝温泉城
习水箐山公园里

梁　衡

专业：建筑学
毕业时间：2009 年
学位：建筑学学士
毕业院校：中国石油大学
职务：建筑研究所所长
职称：高级工程师

主要设计项目 Major Design Projects

遵义市第二十二中学整体迁建工程
遵义机场酒店
遵义党校
泸州莱克汽车城
华西健康城
六盘水锦华新时代
重庆渝能嘉湾一号

徐思璐

专业：城市规划
毕业时间：2009 年
学位：城市规划学士
毕业院校：中南林业科技大学
职务：建筑研究所所长
职称：高级工程师

主要设计项目 Major Design Projects

重庆渝能嘉湾一号
遵义市第二十一中学整体迁建工程
合江县中医医院
泸州莱克汽车城
华西健康城
习水箐山公园里

熊晓凤

专业：城市规划
毕业时间：2008 年
学位：城市规划学士
毕业院校：重庆大学
职务：景观研究所所长
职称：高级风景园林师

主要设计项目 Major Design Projects

重庆渝能嘉湾一号
遵义市第二十二中学整体迁建工程
遵义市第二十一中学整体迁建工程
遵义机场酒店
遵义象山公园
遵义播州区龙泉花香
遵义播州区南苑公园
重庆中讯集团前广场

BCCI

北京中外建建筑设计有限公司重庆分公司

BEIJING CCI ARCHITECTURAL DESIGN CO.LTD.CHONGQING BANOH

北京中外建建筑设计有限公司（BCCI）成立于1992年，前身是中国对外建设总公司设计院，持有住房和城乡建设部颁发的建筑行业（建筑工程）甲级资质、风景园林工程设计甲级资质、城乡规划编制甲级资质以及国家旅游局颁发的旅游景区规划资质。公司在公共建筑设计、居住建筑设计、园林景观设计，特别是在绿色建筑、人居环境等领域具有国内领先的竞争优势。

公司改制后的 20 多年里，先后完成了各类大型工程设计 2000 余项，很多设计业务还涉及海外国家和地区。公司 2017 年度产值营收总额超过 10 亿元，并继续保持良好的发展态势，成为入围住建部及人居委员会综合测评国内设计企业综合排名前 20 强、民营设计企业综合排名前 5 强的明星设计企业。公司 2017 年度注册员工 1843 人，其中国家一级注册建筑师 58 人、一级注册结构师 36 人、一级注册设备工程师 21 人，具有国内一流的技术力量。

公司坚持体制创新、科技创新、严格技术质量管理，连续 10 年获得 ISO9001 质量体系认证，连续多年获得住房和城乡建设部以及北京市诚信企业称号。公司在设计市场中积极进取、奋力开拓，设计业务连年增长。公司信守承诺、遵纪守法、资信优良，以杰出的设计理念和缜密细致的创作实现每一项设计作品。

泸州莱克汽车城
Luzhou Lake Auto City

项目业主： 泸州莱克实业有限公司

设计团队： 徐思璐、李双会、徐焕家、游连强、梁衡

建设地点： 四川省泸州市

用地面积： 4.87万 m²

建筑面积： 4.8万 m²

建筑功能： 汽车销售、二手车市场、汽车零配件、管理办公、商务
酒店、汽车美容、车管所和驾驶考试中心

设计时间： 2017 年

　　该项目位于泸州，是一个为四川南部地区服务的汽车城综合体，集中提供从各种车辆的销售、购买到汽车的美容、维修，从驾驶培训到考试办证等系列与汽车相关的服务。汽车城功能齐全、综合性强。各板块功能分区和人车交通流线是设计的难点与重点。汽车城外立面造型采用与汽车工业相呼应的高技派风格，动感强烈。

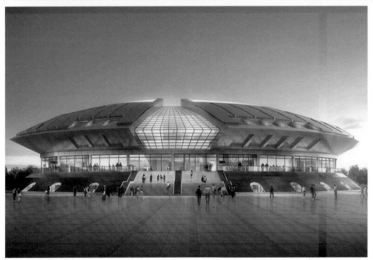

遵义市第二十一中学

No.21 Middle School in Zunyi

项目业主： 遵义市第二十一中学

设计团队： 唐莉、白帆、熊晓凤、徐思璐、
郭爽秋、高松

建设地点： 贵州省遵义市

用地面积： 17.67 万 m²

建筑面积： 15.80 万 m²

建筑功能： 教育

设计时间： 2015 年

这是一个高中校园的整体迁建设计项目。设计依托学校悠长的历史文化渊源，充分利用自然地形、地貌，根据地形及功能分区，利用现有条件，因地制宜地有机布局建筑空间，使建筑与自然环境和谐地融合在一起，创造人文与自然和谐一体的校园环境，为师生提供不同层次、不同形式的交往场所和活动空间。

渝能嘉湾壹号
Yuneng Jia Bay One

项目业主： 重庆上善置地有限公司
设计团队： 唐莉、梁衡、熊晓凤、徐思璐、唐玮、
梁禅、高松、郭爽秋
项目地点： 重庆市渝北区
用地面积： 27 万 m²
建筑面积： 31.6 万 m²
建筑功能： 居住
设计时间： 2017 年

本项目位于重庆嘉陵江畔，规划定位为高档住宅社区。场地具有典型的 V 形河岸特征，场地内高差大、地形复杂。合理利用地形、营造高端社区的形象和人文气质是设计的核心要点。

设计力图建造公共空间以促进社区的人际交往；控制景观节点的构成元素，使之具有场所精神；组织使用者的生活流线，以促进建筑空间利用的多元化。

华西健康城

Huaxi Health City

项目业主：四川恒正投资集团有限公司

设计团队：唐莉、梁衡、徐思璐、梁禅、
高松、郭爽秋

项目地点：贵州省毕节市

用地面积：96万 m²

建筑面积：382.6万 m²

建筑功能：医院、疗养、商业、办公、中药材加工、
居住、公园

设计时间：2014年

本项目是一个集大型医疗设施和医药配套产业为一体的城市综合开发项目。

健康城为华西医院在贵州毕节的分院，旨在提供一流的医疗设施和康复环境。设计围绕华西医院及系列的医药产业和生活配套设施，沿带状城市公园展开。由于新城开发存在诸多不确定因素，设计采用了三明治模式，每一期开发的用地都能拥有不同类型的产品。

碧桂园·天下川江

Country Garden·TIANXIACHUANJIANG

项目业主：泸州酒城明珠文化旅游开发有限公司

设计团队：邹瑜、李双会、白帆

项目地点：四川省泸州市

用地面积：623.47 万 m²

建筑面积：839.90 万 m²

建筑功能：文化旅游

设计时间：2017 年

　　该项目打造了国内第一家以"时空轴线"为主线的文旅乐园，为各年龄段的游客提供全方位的不同体验，解决游客"吃、住、玩、乐、娱、购"需求，树立国内文旅项目新标杆。

象山森林公园
Antique Architectural Complex in Xiangshan Forest Park

项目业主： 播州区林业局

项目地点： 贵州省遵义市

建筑面积： 5.56万 m²

设计时间： 2017 年

设计团队： 唐莉、熊晓凤、梁禅、
邹秋菊

规划面积： 486.98 万 m²

建筑功能： 城市森林公园地标

象山森林公园位于贵州省遵义市播州区。总规划面积486.98万 m²，建筑总面积5.56万 m²。

其中清音阁、象山塔仿古建筑群是象山森林公园最主要的地标性建筑。清音阁建筑群用地面积4 800 m²，建筑面积2 100 m²。象山塔建筑群用地面积2 900 m²，建筑面积1 500 m²。设计整体采用了盛唐时期华丽大气的建筑风格，营造了仙山楼阁的美丽景象，为市民提供了新的游憩场所，为城市增加了新的名片。

遵义机场酒店
Zunyi Airport Hotel

项目业主：遵义旅游产业开发投资（集团）有限公司

设计团队：吴懿辉、白帆、熊晓凤、梁衡、郭爽秋

项目地点：贵州省遵义市

用地面积：2.67 万 m²

建筑面积：3.04 万 m²

建筑功能：酒店

设计时间：2017 年

　　本项目是一个位于遵义新舟机场航站楼附近的五星级酒店，主要为各航空公司提供管理办公和机组人员休息、住宿的场所，也为普通市民及游客提供休憩、购物和餐饮的场所。酒店豪华但不失庄重，充分展现了遵义这座城市的历史文化底蕴和蓬勃生机。

六盘水锦华新时代

Liupanshui Jinhua New Era

项目业主： 六盘水锦华房地产开发有限公司

设计团队： 白帆、梁衡、郭爽秋、高松

项目地点： 贵州省六盘水市

规划面积： 18 万 m²

建筑面积： 94 万 m²

建筑功能： 商业综合体和高档住宅

设计时间： 2016 年

　　项目位于六盘水市中心,是一个集大型商业、停车、高端住宅和多层级教育功能为一体的城市综合开发项目。场地内地形复杂、高差大,是个典型的山地城市项目。

THE
ARCHITECTS of
gad

张 微

海南蓝湾威斯汀度假酒店
杭州中节能·西溪首座
浙江音乐学院

张 微

专业：建筑学
毕业时间：1996 年
学位：学士
毕业院校：东南大学
职务：gad 集团合伙人 / 设计总监
一级注册建筑师

主要设计项目 Major Design Projects

浙江音乐学院
杭州西溪首座
浙江海洋大学
海南蓝湾小镇威斯汀度假酒店
安吉悦榕庄
绿城凤起潮鸣
融创信达杭州壹号院
上海黄浦 8 号

 # 浙江绿城建筑设计有限公司
Greenton Architectural Design

浙江绿城建筑设计有限公司

    对于建筑，绿城设计始终怀有一种虔诚的精神或者说"匠人思路"——建筑师们以极致的追求去逼近理想，这是生活的起点和创作的基础。理念蜕变，风格更迭，不忘自己的品质理想，悄然置身喧嚣之外，不是某位大师、某种理论或某种风格所能表达的坚持。

海南蓝湾威斯汀度假酒店
Hainan Blue Bay Westin Resort Hotel

地　　点： 海南省陵水县
项目规模： 84 510 m²
设计时间： 2010 年
建成时间： 2014 年

　　项目位于海南省陵水自治县清水湾，处于整个清水湾海岸线的东北端，拥有优美的原生态海滩、蓝天、碧海、白沙。项目基地拥有优越的自然景观条件。同时基地位于海南省热带与温带分界线牛岭的南侧，属于热带气候，四季气温稳定宜人，是建造高端海景度假酒店的绝佳场所。

　　面对如此优越开阔的海景，酒店主体像一条飘逸的彩带在基地里自由地舒展，所有的客房均可以直接面对美丽的蓝天、大海。主体立面优雅的线条是对海滨度假放松、悠闲心情的绝佳烘托与诠释，同时也与基地周边的优美环境完美地协调与融合。

　　项目在酒店主楼一层设计了净高将近8 m的通长架空区，一方面让身处酒店主楼后部的会议区、宴会厅等功能区的人的视线可以穿透酒店主体直达大海；同时，所有的酒店住客在一层可以拥有一个联通所有主要功能区块的灰空间，拥有更舒适的感受和更丰富的空间体验。

　　在更加靠近海边的区域设置了各类形式丰富的功能空间，比如酒店villa、特色餐厅、沙滩吧、健身房、SPA会所，还有形态多样和功能齐全丰富的泳池等，力求以最高档、最齐全的配套，给每一位客人提供最完美的高端度假体验。

杭州中节能·西溪首座
Hangzhou CECEP·Xixi Center

地点： 浙江省杭州市
项目规模： 23 万 m²
设计时间： 2012 年
建成时间： 2017 年

　　项目紧临国家级湿地公园西溪湿地，基地被一条东西走向的河流和一道南北走向的绿色视觉通廊划分为四部分，有严格的景观限高。

　　规划借助十字景观带，通过四个 L 形板楼体量对场地进行围合，内部点阵体量散布其中，既保证了景观资源的最大化利用，也强化了作为低调高端办公园区的场所感。设计师运用简单、合理的构造形式，通过二维水平肌理实现了 L 形板楼的三维不规则塑形形体，以常规的设计手段实现了非常规的视觉印象，轻盈淡雅、刚柔并济、温润柔和，宛如一组极具未来感的城市雕塑。

　　内部的小体量建筑平面自由流动，形体高低错落、层层退台，不仅在水平方向上进行景观的渗透与延伸，还在垂直方向上利用屋面种植将湿地景观向空中延伸，使建筑景观与自然景观达到完美的融合。

浙江音乐学院
Zhejiang Conservatory of Music

项目地点：浙江省杭州市
项目规模：352 967m²
设计时间：2012 年
建成时间：2016 年

    项目依山就势，沿续了浙江传统聚落的空间格局，以"音院山居"的设计概念来确立本项目的校园空间和建筑意象。通过对任务的解读和重组，方案打破了常规的建筑尺度，对标高复杂的场地进行了梳理，以"修坡""砌台""疏水""筑屋"等四道程序，将各功能组团沿山而筑。望江山的自然景观在"音院山居"的整体场景和意象下得到了保留和再生。

    学院内部建筑数量繁多，这些建筑外立面都根据自身的功能有着截然不同的外部形态，但在选材用色上又颇为一致，让整个学院内既风格各异，又浑然一体。设计师在景观节点的设计上尤为用心，布置了音乐地景、音乐名人像、音乐浮雕走廊以及音乐、舞蹈、戏剧、艺术主题的特色雕塑。

THE
ARCHITECTS OF
9M-Design

贺 珉

舟山长峙岛小镇中心一期
义乌桃花源
南京中驰南站项目
杭州银湖实验学校

九 米 设 计

贺 珉

专业：建筑学
毕业时间：1996 年
毕业院校：东南大学
高级工程师
国家一级注册建筑师
专业工龄 23 年

主要设计项目 Major Design Projects

宁波天润商座
舟山绿城桂花城
浙大中控产业园
上海绿宇居住区
宁波栎社国际机场新航站楼
舟山绿城玫瑰园南区
舟山绿城长峙岛香樟园一期、二期
乌镇绿城雅园养老公寓
杭州银湖实验学校
杭州未来科技城创业小镇中心与基金小镇
宁波铁道绿城杨柳郡
南京绿城中驰南站项目
杭州西溪雲庐
义乌绿城桃花源
杭州绿城大家金麟府
杭州大家项目

杭州九米建筑设计有限公司

　　杭州九米建筑设计有限公司成立于 2009 年，是一家集建筑工程设计、工程技术咨询及服务为一体的综合建筑设计公司，具有建筑行业建筑工程甲级资质。

　　目前拥有 134 名员工，其中一级注册建筑师 15 名，注册规划师 2 名，一级注册结构工程师及设备工程师 14 名，教授级高级工程师 2 名，高级工程师 33 名，工作经验十年以上设计师 55 名。

　　至 2018 年，公司设计完成项目 160 余个，覆盖全国各省市，项目类型涵盖高端公寓、别墅、排屋、精品酒店、商业、办公、学校、城市综合体和养老等领域。在承袭绿城一贯高标准的风格和品质，打造卓越的建筑品质和以人为本的住居环境的同时，开公司积极拓新的领域，致力于新产品、新技术、新工作模式的探索和研究，以期将研究成果应用于项目。

舟山长峙岛小镇中心一期
Changzhi Island Town Center Phase I in Zhoushan

项目地点：浙江省舟山市　　　　　　总建筑面积：228 346 m²
设计 / 竣工：2010/2016　　　　　　建筑功能：高层公寓、商业、办公、酒店
总用地面积：86 690 m²

长崎岛小镇地处舟山，距离舟山本岛350 m，属于临城新区的一部分，是绿城集团于2008年开启的小镇项目。

本项目位于舟山长崎岛中心，定位为宜居理想小镇的核心、长崎岛的重要门户形象。设计取意于欧美传统小镇，强调浓厚的社区感和街道生活的营造，通过合理的功能布局，力求塑造出以人为本、适宜步行，具有标志性、复合性、多样性、地域性和安全性等特征的活力小镇。

项目引入由英国JTP主导的"协作式营造"设计方法，贯穿从规划设计、城市设计到建筑设计的全部过程。2010年，根据长崎岛小镇整体开发进度，九米与JTP运用"现场设计"与"公众参与"的方式对小镇中心进行城市设计与建筑布局。

小镇中心为商住混合用地，是整个长崎岛最重要的中心商业区块之一，成为供整个长崎岛以及舟山本岛市民休闲、购物、健身、娱乐的重要场所。一条延伸自长崎岛跨海大桥的主轴线贯穿整个地块的中心，将地块自然地分成东西两个区块。在设计时保留大片公共空间，自西向东连成一线。西区以住宅为主，设置开放式公园，市民广场沿中轴线向湖面及绿地敞开；东区以大型餐饮、酒店、办公和少量住宅为主，商住适度混合，形成生机勃勃的城市中心。

义乌桃花源
Yiwu Peach-blossom Land

项目地点： 浙江省金华市　　　　　　　　　　**总建筑面积：** 407 933.6 m²
设计时间： 2017　　　　　　　　　　　　　　**建筑功能：** 住宅、办公、展示

　　项目位于浙江义乌，坐拥鸡鸣山、南山、城市公园等独特景观资源，筑有高层住宅、多层住宅、中式合院、生活美学馆四类产品。在住宅设计上，通过建筑高度、间距的控制，塑造宜人的组团绿地和小区公共绿地，力求营造和谐、整体的邻里居住空间；通过"街景"和"园景"的双重营造，创造出一个花园式的环境，同时兼顾城市界面的活力和居住空间的温馨安宁。

　　生活美学馆，旨在构建一个向城市开放，得以亲近自然、感悟生活、传递美学，并兼具项目展示、文化展陈功能的场所。利用地块本身所具有的山、林、水、石元素，三栋精巧的玻璃建筑临水而建，由连廊相接，巧妙处理建筑"藏"与"露"的关系，使建筑更像从自然中生长而来。

　　住宅中景观设计的灵感源于江南的文人隐士文化，以传统的水、榭、桥、石等中式元素，呼应建筑的亭、台、楼、阁，辅以草坪、灌木、乔木等植物，营造富有诗意的理想居住空间。中心景观采用围合、借景等中式园林营造手法，幽静素雅；组团巷道则展现了传统文化的含蓄与私密。

　　立面设计上，中式合院采用江南私家园林的立面元素，灵活运用镂空花窗、木雕装饰、石雕铺装等传统典型符号，同时融入义乌民居的主要元素。多层与高层住宅分别追求清雅隐贵气质及现代典雅风格。

南京中驰南站项目
Nanjing Zhongchi South Railway Station Project

项目地点： 江苏省南京市
设计时间： 2016
总建筑面积： 222 343.4 m²
建筑功能： 公寓、办公

项目包括高层、公寓、生活体验馆三类产品。高层位于南京市江宁区，地处南京新城核心区域，距离南京南站直线距离1.5 km，距离南京市中心约10 km，是首座落地南京的绿城二代高层。设计时考量场地的基本特征，采用中轴对称的布局，恢宏大气，营造高尚小区氛围。立面风格由经典法式三段式演变而来，取现代典雅造型，整体简洁，细节精致，使建筑极具轻奢之感。

适老公寓采用现代风格的玻璃幕墙着重表现建筑的比例美、线条美、韵律感及层次变化，着重细节的打造。大平层公寓采用全玻璃幕墙，立面将玻璃与金属等材料巧妙组合，形态简洁大气，干净简约，规矩中创新求变，层次丰富，充满现代大都市气息。

绿城深蓝生活体验馆是基于4s店的改造项目，作为生活体验中心，提前将园区的生活场景进行呈现。以"以人为本"为宗旨，通过建筑、景观、室内三者的协同设计，注重整体性和生活体验感。在生活馆设计中引入"box"理念，通过穿插的盒子，将整个立面划分成几个不同材质的功能区域，柔化原本生硬的体形，同时形成鲜明的个性。作为展现美好生活的一张对外名片，生活馆整体呈现出简约大气的面貌，又透露着源于生活的精神内核。

杭州银湖实验学校
Hangzhou Yinhu Experimental School

项目地点： 浙江省杭州市

设计／竣工： 2014/2017

总用地面积： 234 600 m²

总建筑面积： 147 110 m²

建筑功能： 教育

杭州银湖实验学校位于浙江省杭州市富阳区，背靠午潮山国家森林公园，自然环境优越。设计以传统书院格局为原型——轴线分明，礼序井然，多进庭园，层次深幽。同时兼顾山水之间的村落意象，依形就势，自由生长，婉转多趣，错落生致。

本案围绕"书院"和"村落"两个核心意象，顺应地块原有的山水格局，从揽山、亲溪、构园、合院、游廊、点景六个方面展开构建。通过合理规划，使教学区的空间视觉景观能在多视角的层次中延伸、展开、变化，为师生提供良好的空间体验。

其中，教育研究中心位于整个校园的最南端，也是寻溪而上的开端。其以传统书院为原型，力求营造出精心研究、安心办学的学术氛围。前景为清源溪之汇聚点，背景为山之至高点，形成一派山水相映的景观。

本案通过校园的整体营建，期待打造一所教师传道授业，学子快乐成长的理想中小学校园。

THE ARCHITECTS of THAD

方云飞

钓鱼台七号院
和敬府宾馆改造
上海焦点生物技术有限公司研发中心
北京颖泰嘉和研发中心
平顶山博物馆
九章别墅
宁波中鼎大厦

主要设计项目 Major Design Projects

平顶山博物馆及文化中心
北京和敬府宾馆改造
上海焦点生物制药有限公司研发中心
北京颖泰嘉和研发中心
山东庆云文化中心
江西万载古镇
宁波中鼎大厦
祁县文化中心
武威职业学院一期工程
青岛大学文化艺术中心

方云飞

清华大学建筑学学士（1997—2002）
清华大学建筑学硕士（2002—2005）
国家一级注册建筑师
全国软装设计委员会专家委员及职业评审导师
中国医院协会医疗建筑系统研究分会会员
中国建筑学会会员

清华大学建筑设计研究院

清华大学建筑设计研究院成立于 1958 年，为国家甲级建筑设计院。依托清华大学深厚广博的学术、科研和教学资源，作为建筑学院、土水学院等院系教学、科研和实践相结合的基地，设计院十分重视学术研究与科技成果的转化，其规划设计水平在国内名列前茅。2011 年，设计院被中国勘察设计协会审定为"全国建筑设计行业诚信单位"；2012 年 10 月，我院被中国建筑学会评为"当代中国建筑设计百家名院"。

成立至今设计院始终严把质量关，秉承"精心设计，创作精品，超越自我，创建一流"的奋斗目标，热诚地为国内外社会各界提供优质的设计服务。设计院的队伍是年轻的、充满活力的，如果说建筑是一座城市的文化标签，建筑师将用流畅的线条勾勒她，灵魂的笔触描绘她，迸发的激情演绎她，目的只有一个——让世界更加美好。

钓鱼台七号院
Diaoyutai No. 7 Courtyaral

项目业主：中赫置地投资控股有限公司
建设地点：北京市海淀区
建筑面积：73 268.4 m²
建筑功能：住宅
设计时间：2009
主创设计：庄惟敏、方云飞
参与设计：姚虹、梁增贤、梁多林、宋燕燕、张伟、李青翔、沈敏霞、李剑、李滨飞、徐京晖、刘程、华君、陈矣人、刘力红等
获奖情况：2013年度中国建筑学会建筑设计奖建筑创作金奖、2013年度全国优秀工程勘察设计行业奖住宅与住宅小区二等奖、全国城市住宅设计研究网第十一次优秀设计工程评选单体设计二等奖

传统开启新的传统

　　设计的出发点着力于住宅建筑全新表达，力图在延续地域文化传承和历史传统的同时，以一种全新的"历史"态度、全新的"传统"建筑，创造新的经典，开启新的传统。就如同建筑本源就没有东西之分一样，建筑设计也没有刻意的追求某一种风格。容括东西的建筑元素，在建筑上进行着精致的组合；许多看似传统的建筑细部，通过红砖、石材及铜板的全新现代工艺进行表达，传递一种强烈的现代气质和动人的内在气韵。

和敬府宾馆改造

Renovation of Hejingfu Hotel

项目业主：和敬府宾馆
建设地点：北京市东城区
建筑面积：8 100 m²
建筑功能：酒店
设计时间：2011 年
主创设计：庄惟敏、方云飞
参与设计：梁增贤、孙媛霞、张伟、陈青、刘亚辉

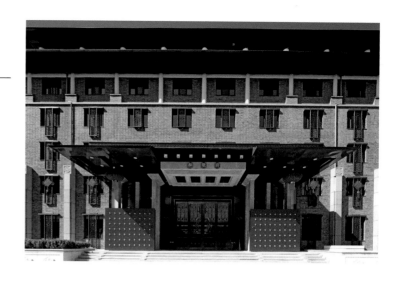

调整比例，保持完整

为保持建筑主体外立面的完整，设计加入三层高中灰色石材壁柱序列，调整建筑的基座比例，配合建筑东南、西南角灰砖的放脚处理，形成完整的建筑基座比例。

融合阁楼，构筑重檐

原有阁楼已破败不堪，且建筑比例失调。设计将阁楼和原有盝顶檐口结合，通过融入钢结构及金属屋面系统，形成屋顶重檐之势，和咫尺之隔的和敬府古建筑群形成微妙的对话关系。

再造入口，彰显气质

原有入口为简单门廊，尺度较大，和古建筑群精致的比例格格不入。设计将入口后退，和古建筑保持良好的空间关系。新建入口采用跌错的屋檐布置方式，配合浅灰色石材壁柱，形成内敛却充满细节的文化表达。

结合平台，古今对比

设计利用北侧屋顶平台空间，结合悬索玻璃幕墙技术，创造了别具特色的八角形早餐厅，展现建筑的现代气息。

整理材质，精致工艺

设计以原有深灰色墙面为基色，融入中灰色石材壁柱、浅灰色大理石廊柱，形成统一而又细腻的灰色系材质序列。

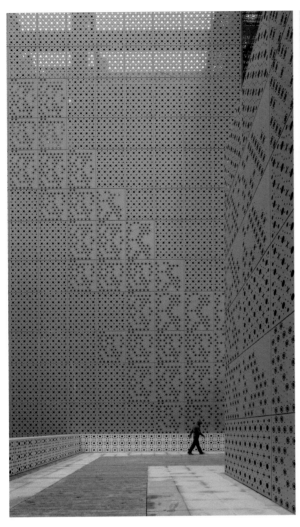

上海焦点生物技术有限公司研发中心
R&D Center of Shanghai Focus Biotechnology Co., Ltd.

项目业主：上海焦点生物技术有限公司

建设地点：上海市嘉定区

建筑面积：34 010 m²

建筑功能：科研办公

设计时间：2011.4

主创设计：方云飞

参与设计：梁增贤、蔡郑强、冯晨、陈青、吕宝宽、郑茹、徐京晖、程炳玉、陈矣人、周溯、刘素娜、武毅

获奖情况：2017 年北京市优秀建筑工程设计奖二等奖

设计对场地自身所形成的巨型空间进行削减和介入，使建筑及庭院在各角度上，得到内外流动的空间形态。使用纹样有微妙变化的穿孔铝板、灯带与色块，缠绕建筑全体，使建筑从空间到细节都具有丰富生动的表情。

单体体量均衡的尺度和表皮细部肌理的表现，配合穿插交错的道路及空间布局，呈现出恢宏大气的空间氛围。在相对局促的用地内，利用三栋建筑围合出多达3 000 m²的内庭院。通过不同层次的对景处理，将内院景观与外部环境相融合。

灵活运用多种幕墙之间的虚实关系和色彩对比，创立简洁明快、富于变化的建筑形象。建筑外装饰是金属幕墙、玻璃幕墙、水泥纤维压力板的巧妙结合。穿孔金属板幕墙色彩明快，以月白色为主，以橘黄色点缀、对比；玻璃幕墙晶莹剔透；铁灰色水泥板墙面沉稳，创造出现代+科技的"海派建筑风格"，契合了科技企业的文化理念。

北京颖泰嘉和研发中心
Beijing Yingtai Jiahe R&D Center

项目业主： 北京颖泰嘉和生物科技股份有限公司

建设地点： 北京市海淀区

建筑面积： 36 218 m²

建筑功能： 科研办公

设计时间： 2011 年

主创设计： 方云飞

参与设计： 梁增贤、陈青、闫晓敏、吴雪、任保双、徐京晖、陈矣人、刘力红

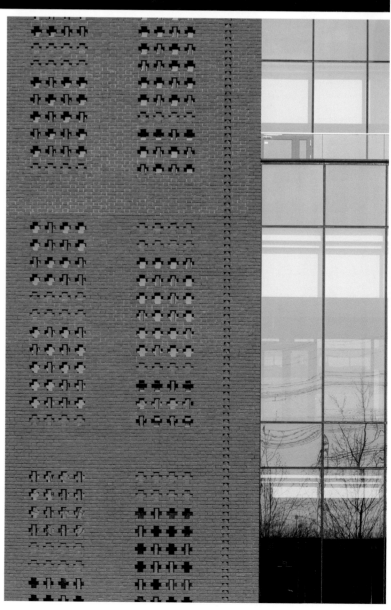

　　建筑外墙工艺采用清水砖砌筑系统，红砖在建筑的不同界面与不同材质进行搭配。北侧主入口两翼为办公单元，18根通高的梭形红砖柱嵌入通透的玻璃体，在主入口面形成弧形的柱廊序列。办公单元朝向内庭院的一面，以玻璃幕墙为主，在楼梯间的位置砌筑镂空的红砖墙，营造出轻盈的漂浮感。

　　建筑的南侧为实验单元，整体以红砖砌筑为主。实验单元的北边，每侧有29根整齐有序排开的20 m通长的砖帘。立面上的幕墙窗掩映在砖百叶的后面，虚实结合，张弛有度。实验单元的南边以红砖和条形窗为主，突显整体沉稳内敛的气质。而窗间金属板的拼接方式和檐部的砌筑方式，又从细节上给整个建筑增添了几分精致的雕琢感。

　　实验单元的中部，是钛锌板形成的"门"形框架，从各层出挑的玻璃盒子在这个空间穿插交汇，形成一个富有变化的有趣的多层次空间。三根梭形的独立砖柱也矗立在其中，不同的材质与场景在此处进行着一场激烈又无声的对话。

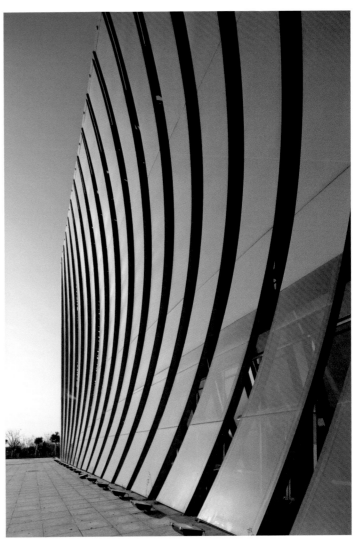

平顶山博物馆

Pingdingshan Museum

项目业主： 平顶山博物馆

建设地点： 河南省平顶山市

建筑面积： 30 074.65 m²

建筑功能： 展览

设计时间： 2008 年

主创设计： 方云飞

参与设计： 梁增贤、姚虹、白晓燕、徐琨、马宝民、李滨飞、陈志杰、陈矣人、孙熙林

获奖情况： 2013 年中国建筑设计奖建筑创作奖金奖

　　博物馆主立面朝向市政广场，建筑采用"展简"的做法，50条24 m高的"简"并排展开，彰显一种开放、包容的气度，更有让人们驻足阅读城市历史之隐喻。"简"在展开的同时层层向内弯曲，形成内凹之势，在表达其谦逊之意的同时，又给建筑带来一种极具张力的现代感。而"简"的弯度不尽相同，16种曲率由南北向中间逐渐增大，形成层层叠错之感，正如徐徐翻开之历史，动态十足。

　　南北立面的设计为"束简"之法，形成密集排列的封闭界面，同室内展区的功能密切联系。而"束简"中留有的些许空隙，点缀星星点点之灯片，如同历史长河中的繁星，朴素而又充满活力。

　　西立面结合内部功能采用间隙较大的"晾简"方式，幕墙居于其后，模糊的空间带来一种过渡感，同时又兼顾了节能的需求。

九章别墅

Jiuzhang Villa

项目业主： 北京诚通华亿房地产有限公司

建设地点： 北京市朝阳区

建筑面积： 90 984 m²

建筑功能： 住宅

设计时间： 2012 年

主创设计： 方云飞

参与设计： 陈青、梁增贤、张伟、云慧超、郝园园、张耀明、唐思彧、刘亚辉等

项目旨在北京朝阳区蟹岛北、温榆河南这一片优质的城市绿化森林中，传达一种"放达人生、天地唯我"的生活理念，通过居住空间的延展和砖石语言的现代组合工艺，来探索中国传统文化的现代传承，将人与自然的"同根同源"融于建筑的表皮与空间的肌理，尝试传递一种自然惬意的生活态度。

设计以使用者为核心，探索人在居住空间内外的交互关系，将建筑元素在空间、视线上延伸至自然，更融合于自然。九章别墅的设计诉求，就是将空间使用、平衡、美学、工艺进行综合展现，塑造一系列具有文化传承蕴味的当代中国居住建筑。

宁波中鼎大厦
Ningbo Zhongding Building

项目业主： 宁波市鄞州区宁南建设开发有限公司
建设地点： 浙江省宁波市
建筑面积： 34 023.6 m²
建筑功能： 办公建筑
设计时间： 2009
主创设计： 方云飞
参与设计： 梁增贤

　　由于地块用地面积不大，能够用来做大厦裙房的面积非常小，所以设计方案在建筑形式上采用了"折"的方式，顺利地实现了高层与裙房间的过渡与连贯性。这种"折"的方式使得大厦活泼跳跃，充满现代感。建筑体量约为30 m×40 m、高度为80 m，该尺寸的比例并不利于其显得高耸挺拔。因而设计方案将大厦切割成6个实片的组合体，实片的侧面尽量厚实，而正面采用密肋矩阵式的开窗，尽量突显实片的体积感；这6个实片由虚的玻璃串联起来，充满了韵律与节奏感。这种分片有利于削减大厦的厚度，使得大厦更加垂直挺拔。

THE ARCHITECTS OF UAD

陈　璐
蔡　弋
许慧锋
陈　鹏

中国科技大学金融院
临安市体育文化会展中心
山西省电力公司计量中心

陈 璐

专业：建筑学

毕业院校：浙江大学

职称职务：浙江大学建筑设计研究院有限公司第五建筑设计研究院院长助理

高级工程师

国家一级注册建筑师

主要设计项目 Major Design Projects

中国科技大学国际金融研究院

宁波数字传媒基地

台州腾达中心

萧山科技城创业谷

丽水市博物馆等

蔡 弋

专业：建筑学

毕业院校：东南大学

职称职务：浙江大学建筑设计研究院有限公司第五建筑设计研究院副所长

国家一级注册建筑师

高级工程师

国家留学基金委公派访问学者

主要设计项目 Major Design Projects

临安体育文化会展中心

沭阳美术馆

山西省电力公司计量中心

山西电力生产调度大楼

绍兴滨海新城健身中心

许慧锋

专业：建筑学

毕业院校：东南大学

职称职务：浙江大学建筑设计研究院有限公司第五建筑设计研究院副所长

主任工程师

国家一级注册建筑师

高级工程师

主要设计项目 Major Design Projects

杭州钱江世纪城联合中心

西斯特姆世纪之星

雅戈尔明洲二号别墅

中铁新街居住小区

中国科技大学国际金融研究院

陈 鹏

专业：建筑学

毕业院校：天津城建大学

职称职务：浙江大学建筑设计研究院有限公司第五建筑设计研究院副所长

国家一级注册建筑师

高级工程师

主要设计项目 Major Design Projects

杭州第四中学下沙新校区

盾安控股集团总部大楼（盾安发展大厦）

金都房产富阳金都铭苑项目（广厦奖、中国人居环境金牌建设试点项目）；

杭州钱江新城望江公园项目

佑康集团东润置业洲际酒店及办公综合体

山西省电力大楼计量中心

杭州萧山糖朝汇大厦

浙江大学建筑设计研究院有限公司

浙江大学建筑设计研究院有限公司的前身是成立于1953年的浙江大学建筑设计室，是国家重点高校中最早成立的甲级设计研究院之一，2013年公司改制，更名为浙江大学建筑设计研究院有限公司。

公司现有员工1 000余名，其中全国工程勘察设计大师1名，享受国务院政府特殊津贴专家1人，中国当代百名建筑师2名，浙江省工程勘察设计大师4名，中国杰出工程师4名，中国建筑学会青年建筑师奖获得者10名；国家一级注册建筑师110余名，一级注册结构工程师70余名，其他注册工程师120余名。

公司以"营造和谐、放眼国际、产学研创、高精专强"为方针，多年来始终坚持走创作路线和精品路线，在各个领域均有大量的优秀作品问世，历年来获得近900项国家级、省部级优秀设计奖、优质工程奖及科技成果奖。业务范围涵盖各类公共建筑与民用建筑设计，居住区规划与住宅设计，智能化设计，室内设计，风景园林与景观设计，市政公用工程，岩土工程，幕墙设计，BIM设计，光环境设计，城乡规划编制与城市设计，古建筑和近现代建筑修缮保护、文物保护规划，钢结构设计，地下空间设计，检测加固，建设工程总承包，工程咨询，施工图审查，以及所有民用建筑项目节能评估等。

公司积极、广泛地开展国际学术交流与工程联合设计，与美国、英国、德国、澳大利亚、加拿大、新加坡、日本、荷兰等国的知名设计公司或事务所合作完成了多项建筑工程设计。

中国科技大学金融院

School of Finance, University of Science and Technology of China

项目业主：合肥市滨湖新区建设投资有限公司

建设地点：安徽省合肥市

用地面积：53 140 m²

建筑面积：213 865 m²

建筑功能：教育

设计总负责人：陈建

工程负责人：许慧锋

建筑：许慧锋、陈璐、王静

结构：沈捷攀

暖通：张敏敏、郑晨

电气：毛阗

给排水：汪波

弱电：王杭

室内：李静源、郭思聪、周媛

幕墙：姜浩

项目位于合肥市滨湖新区，为中国科技大学金融学院新校区。

项目结合场地内东西长、南北窄的地形特征，以温和有序的院落化空间设计策略组织建筑群体，由东至西，四进院落逐次展开，空间特质也逐渐由开放趋向平和的书院空间。整个建筑群造型方正理性，暖色仿砖墙体和深色金属材质相得益彰，共同创造出于具有沉稳典雅的品质、高端国际的视野、开放融合的精神、徽派书院的情怀的国际一流金融管理学院。

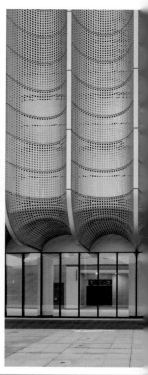

临安市体育文化会展中心
Lin'an City Sports Culture Exhibition Center

设计总负责人：董丹申

工程负责人：陈建、倪剑

建筑：蔡弋、雷持平

结构：干钢、周建炉、沈捷攀

暖通：杨毅、宁太刚、顾铭

电气：李平、郑孟、冯百乐

给排水：王宁、张楠

弱电：江兵

室内：李静源、方彧

幕墙：陶善钧、张其童

概算：王云峰

获奖情况：

2016 年度钱江杯（优秀勘察设计）一等奖

2016 年度中国建筑学会建筑创作奖银奖

2018 年巴塞罗那设计周巡展作品

2018 年圣彼得堡文化艺术周巡展提名

　　临安市体育文化会展中心位于临安锦南新城，项目定位为以体育赛事为基本主题的城市综合体，打造集体育健身、商业经营、市民休憩为一体的新一代体育建筑。

　　项目结合场地内低丘缓坡的地貌特征，以显隐有序的设计策略突出体育馆"城市之光"的主体形象，通过渐变穿孔铝板包裹建筑主体，营造半透明、轻盈的视觉效果。其余建筑体量采用地景化的处理，形成逐层退台的绿化平台，各层平台均可与周边道路平接，一方面极大丰富了场所的可达性和参与性，另一方面和周边的山水气韵相呼应，如同一条绿脉融入整体的山水环境中。

山西省电力公司计量中心

Shanxi Electric Power Company Metrology Center

设计总负责人： 陈建

工程负责人： 陈鹏

建筑： 陈鹏、蔡弋

结构： 魏开重、沈捷攀

暖通： 杨毅、张敏敏

电气： 李平、冯百乐

给排水： 王小红、雍小龙

弱电： 江兵

幕墙： 白启安、黄丽

概算： 裴朝晖

项目位于太原市经济技术开发区内，功能为山西省省级电力计量检测中心，并与95598客户服务中心、营销稽查监控中心同步建设。力求组建国内领先、高度智能化的省级电力计量中心。

在合理利用土地和周边环境条件下，力求处理好检定生产、物流配送、管理培训三者之间的关系，努力创造功能区块划分清晰、生产环境良好、配套完善的集仓储、检定、试验于一体的综合建筑体。

项目采用东西并置布局的格局，裙房4层，主楼11层，地下一层。裙房为大体量的计量中心实验楼，内部安排自动仓储库房、设备检测流水线及传统实验室。办公楼内安排计量中心及其他四家单位办公。地下安排停车场，设备机房及员工餐厅等后勤服务设施。

THE ARCHITECTS OF ORI-A

吴文博
张　滨
刘艳旭
陈涵非

上海 ORI-A 办公室
仙女山无顶图书馆
郑州万科企业馆
重庆万科中心

ORI-A
ARCHITECTURE & URBAN PLANNING

吴文博

职务：创始合伙人

学历：重庆大学建筑城规学院
建筑学学士

拥有多年主持设计经验和与境外设
计机构合作的经历。擅长文化旅游
项目、酒店项目、城市公共建筑及
商业综合体项目。

主要设计项目 Major Design Projects

阆中水城精品度假酒店
南充港航园水镇项目
广州恩宁路旧城改造项目
重庆英利辉利金融街项目
重庆爱普千厮门项目
云南大理乐馆项目
马尔代夫 olhugiri 岛项目
贵阳九曲湿地公园度假酒店
大连钓鱼台国宾馆
绥阳游客接待中心
重庆融汇半岛茶花小镇
成都万科沸腾里项目

张 滨

职务：创始合伙人

学历：法国巴黎规划学院
城市规划与设计专业硕士

拥有多年建筑事务所工作和管理
经验，擅长工程项目包括城市设
计，城市规划，景观规划以及特
色小镇和产业园规划等。

主要设计项目 Major Design Projects

法国古城堡改造规划
巴黎直升机场概念规划设计
法国 Paul GUIRAUD 医疗中心
阿布扎比 Al Khalidya 商业广场城市
设计
无锡锡东高铁新城规划
长沙龙湖滨江新城城市设计
仁怀云天湿地公园
广东龙湖清远规划方案
仁怀绿色电子产业园
绍兴滨海新城规划
郑州万科曹寨小镇
株洲天台工业园搬迁改造规划

刘艳旭

职务：设计总监

学历：英国卡迪夫大学
城市设计硕士

职称：中国一级注册建筑师
LEED AP BD+C

拥有丰富的大型综合体和其他多
种商业类型设计经验，能持续为
客户和社会提供创新的，有吸引
力和人性化的场所。

主要设计项目 Major Design Projects

重庆恒大中渝 9 号地块方案设计
贵阳金桥地块总体设计
南京新街口苏宁广场
西安柏丽广场城市设计
南昌苏宁广场
上海龙阳路麦德龙项目
北京百盛太阳宫改建
武汉中央都会区 K3 地块方案设计
郑州中国文谷
武汉誉天广场
汕头万象城
日照五彩城

陈涵非

职务：创始合伙人

学历：法国国立斯特拉斯堡高等
建筑学院建筑学硕士

职称：法国国家建筑师
D. P. L. G

拥有多年法国建筑事务所工作经
验，擅长工程项目包括集合住宅、
办公大楼、商业建筑、生产基地、
综合型大型室内体育馆、多媒体
图书馆、档案馆、教育建筑与其
附属设施、现存建筑改造扩建，
等等

主要设计项目 Major Design Projects

法国旺代体育中心
法国勒阿弗尔旧厂房改造
法国博比尼养老公寓
法国巴纽 ARISTIDE 办公大楼
巴黎 Zac Boucicaut 企业孵化园
南京泰盛生命科技园
炎陵珠帘山庄精品度假酒店
郑州万科企业馆
贵阳万科理想城小学
银川万科城市之光展示区
广州恩宁路旧城改造项目

上海和睿规划建筑设计有限公司

　　上海和睿规划建筑设计有限公司专注于公共建筑设计领域，在上海及重庆均设有办公室，并将于近期开设巴黎分部。公司主要业务范围涵盖了
旅游规划、高端度假酒店、精品商业、文化教育、商务办公以及城市综合体等。

地址：上海市长宁区华山路 1520 弄 121 号 302　　电话：021-58839099　　网址：www.ori-a.com

上海 ORI-A 办公室

ORI-A Office, in Sanhai

客户名称： 上海和睿规划建筑设计有限公司
项目区位： 上海市长宁区
项目状态： 建成
项目时间： 2018 年
建筑面积： 347 ㎡

　　ORIA的办公室设计源于一个"时间+空间"的体验。在不同的时间里，我们可以解构、重组，甚至于打破固有的空间属性：私密与开放、屏蔽与交流、停止与流动。我们通过不同的途径来诠释这些概念，用建筑空间去表达时间的当下性和实效性。

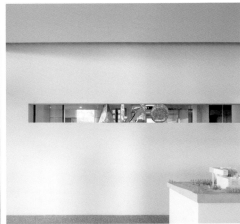

仙女山无顶图书馆
The Library in Fairy Mountain

客户名称：新浪重庆
项目区位：重庆市武隆区
项目状态：概念设计
项目时间：2017 年
建筑面积：1 000 ㎡

　　通过森林、草坡、小坳三个相关联的基地，分散建筑体量，组织功能区的布局，创造一个文化叙事的场景，让不同的人在不同的时间转换不同的心程。

郑州万科企业馆
Vanke Corpate Pavilion in Zhengzhou

客户名称： 万科集团郑州分公司
项目区位： 河南省郑州市
项目状态： 在建
项目时间： 2017 年
建筑面积： 2 000 ㎡

万科企业馆位于整个园区基地的北部，南接公共活动区，东临酒店广场，北面则有基地车行道路穿过，可以说处在一个四通八达的枢纽之地。

基于项目的位置，秉承"绿色、开放、共享"的万科企业精神，设计师希望将万科馆设计成为一个展示万科企业文化、开展公共活动的开放性场所。

从这个理念出发，设计师为建筑定下了"虚实间，半合院"的设计概念，以期实现传统院落和园林空间的现代演绎。建筑本身分为东西两个部分，东侧建筑底层是接待室和茶室，上层是休憩简餐区和洽谈空间。西侧建筑为沙盘和展示区。东西两侧建筑之间是一个由玻璃砖围合成的院落，院落一层，对建筑和外部环境开放；二层则由平台实现建筑间的相互连接，平台上设有孔洞，底层树木通过孔洞伸入二层，实现空间的上下贯通。

重庆万科中心
Vanke Center in Chongqing

客户名称： 万科集团重庆分公司
项目区位： 重庆市
项目状态： 概念设计
项目时间： 2018 年
建筑面积： 45 000 ㎡

　　考虑到万科中心自身的功能需求和周边环境，以及甲方对于其作为企业形象展示的期待，设计师将其定位为一座能够平衡处理私密和公共关系的开放性建筑。进一步思考之后，将其定位为由市民广场、是建筑中庭院落、螺旋上升的矩形建筑组成的空间性功能群落。

THE
ARCHITECTS OF

卢颖妍
蔡征辉

顺德·和美术馆
君兰国际高尔夫俱乐部二期
美的·鹭湖森林度假区
美的·西江府

卢颖妍

专业：工程力学
毕业时间：2003 年
学位：工程力学学士
毕业院校：华南理工大学
职务：广东天元设计有限公司建筑所所长
北京中外建建筑设计有限公司佛山分公司负责人

主要设计项目 Major Design Projects

佛山"和"美术馆
佛山美的·鹭湖森林度假区
君兰国际高尔夫俱乐部二期
佛山·梧桐广场
顺德龙江·美的西江御府
顺德乐从上华智能智造产业园
江门美的卓越公园天誉
南宁·美的慧城
佛山·美的明湖北湾花园
河源·美的城
佛山美的·翰湖苑
肇庆·鼎湖美的花园
贵阳·美的广场

蔡征辉

专业：城市规划
毕业时间：2007 年
学位：城市规划工学学士
毕业院校：西安建筑科技大学
职务：广东天元设计有限公司主创建筑师

主要设计项目 Major Design Projects

君兰国际高尔夫俱乐部二期
佛山顺德美的天逸万达广场
广西建设职业技术学院新校区
南宁三中国际学校
钦州北部湾大学新校区大学生活动中心
钦州白石湖风情街

智慧生活 美的人生

广东天元建筑设计有限公司

　　广东天元建筑设计有限公司，是国内建筑行业（建筑工程）设计甲级公司，取得规划乙级、装饰装修二级施工资质，通过了 ISO9001: 2015 质量管理体系认证，连续 9 年被认定广东省"守合同重信用"企业。配合美的置业产业链发展，为推动装配式产业及智慧社区战略的落地实施，近年来，天元设计院软硬件同步升级，业务涵盖建筑方案设计、土建施工图设计、机电智能化设计、市政园林设计、室内软装设计、室内硬装设计等。现有骨干设计师 500 余人，具有中级职称以上人员占比 60%，高级职称以上占比 10%，硕博占比 15% 以上，海归占比 5%。

顺德·和美术馆
"he" Art Museum in Shunde

建筑类别： 美术馆
用地面积： 8 650.48 m²
建筑面积： 16 340 m²
主要荣誉： 获第三届"科创杯"中国 BIM 技术交流暨优秀作品展示会大赛设计组二等奖。

和美术馆位于广东顺德，是家族投资的大型公益民营美术馆，建筑方案由日本建筑大师安藤忠雄设计，北京中外建建筑设计有限公司承接扩初及施工图设计。美术馆集收藏研究、展览策划、公共教育、文化发展等功能于一体，专注于艺术事业发展，以推动文化传播为己任，扎根珠三角本土艺术的同时，注重东西方艺术的对比展示与研究，以全球化的视野呈现艺术的多元性，全面系统地展现中国现当代艺术的成就和当代艺术发展的新鲜活力，致力成为珠三角地区的标志性文化建筑和国际知名、华南地区最有影响力的民营美术馆。

君兰国际高尔夫俱乐部二期
Junlan International Golf Club Phase II

建筑类别：康体娱乐
用地面积： 18 740.60 m²
建筑面积： 31 585.76 m²
主要荣誉：美的置业优秀设计师奖；第四届"科创杯"中国 BIM 技术交流暨优秀作品展示会大赛设计组一等奖。

项目位于佛山市顺德区北滘镇新城区，开发商为国际君兰高尔夫俱乐部，投资金额为 3 亿，是一家只对会员开放的顶级私人高尔夫俱乐部。

方案的灵感来源于高尔夫运动的击球瞬间，对动态平衡的重新解构，表达在建筑的空间和形态上，风格独特，动感十足；利用场地的景观资源，给人营造舒适、高效、尊贵、温馨的环境，双曲面穿孔板造型运用 BIM 模型定位，一体加工形成，现场吊装施工。扭转空间与使用功能相结合，构成了可观赏性的交流空间。

屋面采用钢结构桁架，悬挑长度 15 m，在桁架腹杆位置下吊钢柱把整个悬挑出来的楼面吊在空中，再通过钢结构桁架与钢骨混凝土的主体结构进行有效连接，实现大跨度悬挑。中庭螺旋楼梯直径达 10 m，采用钢板组合结构，一体成型，施工方便，构件轻巧。

以君兰高尔夫为主的建筑群，将共同成为区域的标志性建筑，其带来的形式意义也许远大于建筑功能本身。设计更希望此建筑能成为一处人文、艺术、自然相互融合的大地景观。

美的·鹭湖森林度假区

Midea·Heron Lake Forest Resort

建筑类别： 旅游度假村，包括会所、公寓、洋房、别墅等

用地面积： 约 453 万 m²

建筑面积： 约 178 万 m²

主要荣誉： 2016—2017 年连续两年列入广东省重点建设项目

2017 年评为第十二届金盘奖华南地区年度最佳旅游度假区

2017 年入选佛山市首批市级特色小镇

美的·鹭湖森林度假区占地 6 800 亩（约 453.3 万 m²），由美的置业与皇朝地产强强联袂，斥以 300 亿巨资按国家 5A 景区标准重磅打造。度假区项目涵盖白鹭湖生态保护区、安纳希小镇、爱丽丝庄园、鹭湖汽车营地、越野车体验基地、拓展训练基地、国际路亚基地、鹭湖半山温泉、鹭湖探索王国、鹭湖茶园项目、白鹭湾木屋酒店、美的·鹭湖岭南花园酒店、国际会议中心、高档低密度住宅小区等，是集生态体验、文化旅游、康体运动、风情商业、乐活养生、主题酒店、别墅、洋房、酒店式公寓等多元业态于一体的粤西地区独具魅力的旅游度假胜地。

美的·鹭湖森林度假区以白鹭湖为中心，湖西为休闲娱乐场所，湖东布置各项功能基地，中部规划住宅，使得居住于此的居民居住之余体会到度假休闲的乐趣。

美的·鹭湖森林度假区包括约 253 万 m² 生态商旅用地，将被打造成珠三角宜居度假胜地。项目首期产品在 2016 年逐步面世，包括公寓、洋房、Mini 类独栋别墅、东南亚风情别墅、独栋别墅。

美的·西江府

Midea· Xijiang Mansion

总建筑面积: 337 519.27 m²
占地面积: 97 807.13 m²
容积率: 2.5

美的·西江府位于广东省佛山市顺德区龙江镇左滩甘竹大道48号,属于城郊结合部,南面毗邻西江,自然环境较好,周边交通相对便利。

理念:旨在打造一个能找寻文化之根、寄托精神的文化家园,着重设计庭院和巷道空间,在建筑形式、材料上充分借鉴传统文化符号和色彩,以达到身在其中,怡然自得、陶冶身心的目标。

规划:以传统的小街巷道和现代错动的公共绿地空间为骨络,通过L形的建筑进行拼接,使每户都能享受一个独立的庭院。南北两组建筑又围合一块错动的公共绿地空间,形成一个整体规整、局部多变的空间布局。

建筑风格: 简约的新中式风格

别墅:建筑形式上则采用简洁的现代形式——现代倾斜的屋架、错落的山墙处理和轻巧的玻璃栏杆配合青砖灰墙,加以浅色石材、横向木色格栅及条纹砖丰富配色,运用深灰色的金属传统符号做点缀,生活在其中既能处处享受现代生活的便利,又能体悟传统的精神韵味。

高层:建筑形式上也采用简洁的现代形式,裙房采用与别墅相同的三色青砖,建筑入口增加深色中式符号花格窗,与别墅区形成统一的风格样式;屋面形式上采用通高屋架配以竖向格栅,通透感强,体现了岭南的地域建筑特色。

THE ARCHITECTS OF CDI

郑 灿

哈尔滨宝宇天邑
石家庄恒大中央广场
南宁城北区万科 MALL
NBA 水城商业广场
天津中冶·和悦汇

郑 灿

出生年月： 1972 年
职务： 总裁，首席设计师
教育背景：
美国加州大学建筑学硕士
清华大学城市规划设计硕士
天津大学建筑学学士
获 1995 年全国十佳大学生称号
工作经历：
郑灿先生曾任美国捷得国
际建筑事务所（The Jerde
Parthership Inc.）洛杉矶总部
副总裁、总设计师。结合跨越五
洲的设计经验，郑先生的设计体
现出规划、建筑和景观的完美整
合和独特的场所体验。

主要设计项目 Major Design Projects

洛杉矶丽思及万豪酒店
迪拜朱美瑞山大型旅游商务区
开罗东城商业中心
柏林 AEG 娱乐中心
新西兰塞尔维亚公园购物中心
哈尔滨宝宇 . 天邑
天津 NBA 水城商业广场
天津中冶·和悦汇
石家庄勒泰中心
石家庄恒大中央广场
上海长泰国际购物广场
武汉绿地中心
长沙北辰新河三角洲综合体
重庆蓝光中央广场
驻马店建业凯旋广场
昆明大宥城
南宁万科城北购物中心
三亚中粮大悦城

CI 场脉

美国 CDI 创意国际设计集团

　　场脉建筑设计（上海）有限公司由总部位于美国洛杉矶的 CDI 创意国际设计集团（Creative Design International,Inc.）在中国创立。创始人之一郑灿先生曾任体验式设计创始者美国捷得国际建筑师事务所洛杉矶总部副总裁、总设计师。CDI 团队的设计足迹跨越了欧洲、亚洲、美洲、中东及澳洲，并且主持和参与了捷得事务所近年来在中国最重大的城市综合体项目设计。秉承场所创造的设计理念，设计团队具有世界顶级的建筑、规划、室内和景观设计经验，将商业、娱乐、酒店、办公、居住和文化的功能完美融合，同时注重景观设计对场所的重要作用，实现建筑、自然和人文的结合，创造新型的城市和度假综合体。

　　近年来场脉建筑与香港置地、中粮、中冶、万科、恒大、龙湖、绿地、旭辉、首创、蓝光、建业、鲁商、宝宇、安踏等大型企业合作，在中国的项目覆盖了全国各大城市，包括全球首家 NBA 中心商业区、东北最大的都心综合体哈尔滨宝宇天邑（316 万 m²）石家庄市政府 2015 年 15 大重点建设项目恒润时代广场（60 万 m²）、重庆蓝光中央广场（25 万 m²）、三亚中粮大悦城（20 万 m²）、昆明市都心综合体大宥城（70 万 m²）、南宁万科城北购物中心（15 万 m²）、驻马店建业十八城（30 万 m²）、泉州安踏中国总部园区（30 万 m²）等。

　　场脉建筑获住建部中国建筑文化中心"2014 年度优秀设计机构"称号，被中国商业地产杂志评选为"2013 年度中国商业地产最佳设计公司"，并荣获"中国人居典范 2013 年度最具创新力设计机构"称号。场脉建筑将引领世界的设计经验和中国的市场需求与深层文脉相结合，实现国际视野和本土化的有机融合，为业主和社区带来经济和社会效益的丰收，创造激动人心的城市地标和充满丰富体验感的城市及社区聚会中心。

哈尔滨宝宇天邑

Harbin Baoyu Glory Community

建筑业主：黑龙江宝宇房地产开发（集团）有限责任公司

建设地点：黑龙江省哈尔滨市

建筑面积：316万 m²

建筑功能：购物中心、住宅

竣工时间：三期 2018 年 11 月竣工

主创设计：郑灿

获奖情况：第十届中国人居典范建筑规划设计竞赛最佳规划设计金奖、位列 2013 年中国房地产 500强榜单十大典型项目第一名

项目位于哈尔滨市中心松花江畔的三马地区,靠近中央大道、斯大林公园、索菲亚教堂等一系列标志性建筑，总建筑面积316万 m²。此项目为当前北方地区最大的旧城改造项目,项目分期开发设计,包括一期、二期住宅区,三期商业居住区,四期商业综合体,五期商业住宅区,均为地铁上盖项目。其中三期商业住宅区已于2018年建成,由商业步行街、集中商业和超高层高档住宅组成,四期2018年已动工建设,跟地铁无缝对接,包括商场、酒店、办公、超市、影院、高档住宅等业态,五期为商业住宅区,正在进行方案设计。规划设计以打造具有哈尔滨特色,建筑造型、景观形态、城市空间既融于当地环境又别具特色,面向未来的城市综合体为目标。在不同区域规划各具特色的地块主题,以特色空间赋予各地块标识性。分区域规划各具特色的城市大道、生态购物中心、中心广场、精品商业街、历史文化长廊商业区。打造汇集国际一线品牌旗舰商业、超白金五星级酒店、5A级智能写字楼、风情商业步行街、一站式主题商业及高端观江豪宅等于一体的业态集群,建成后将成为东北规模最大的都市综合体。

石家庄恒大中央广场

Evergrande Cental Plaza in Shijiazhuang

建筑业主：恒大集团
建设地点：河北省石家庄市
建筑面积：45 万 m²
建筑功能：购物中心、写字楼、公寓
竣工时间：2017 年 12 月
主创设计：郑灿
获奖情况：中购联中国购物中心 2014 年度设计创新奖份、全国人居经典 2014 年度规划设计建筑金奖

恒大中央广场（原恒润时代广场）是石家庄市政府重点建设的"20+X"项目之一，位于石家庄市中心，北临中山路、南临民生路、西临大经街、东临平安大街，地下二层设置地铁接驳大厅，与地铁一号线无缝对接。项目总建筑面积约45万 m²，其中地上建筑面积33.8万 m²，地下建筑面积11.2万 m²，由六栋高层及商业裙房组成。

规划采用高层办公楼加开放型商业街区的模式，力求创造一个开放型的城市空间，延伸城市道路，将街区引入地块内，同时在主入口设置汇聚人流的广场和景观，优化中山路的沿街形象，释放城市互动空间。办公和商业相辅相成，商业屋顶绿化为办公提供良好的生态型办公环境。商业地块设置两层空中商业平台，形成立体商业街区，此外充分考虑地铁接驳带动商业发展，将部分地铁人流从东北侧地面出口引入商业街区，部分从地下接驳大厅引入地下商业街，加强城市服务功能。商业以旗舰店、餐饮、文创、休闲、超市等业态为主，高层和超高层以企业总部、商务办公和酒店等业态为主。

南宁城北区万科 MALL

Vanke Mall in the North of Nanning

建筑业主：万科集团

建设地点：广西南宁市

建筑面积：9.78 万 m²

建筑功能：住宅、公寓、购物中心

竣工时间：在建

主创设计：郑灿

南宁城北区万科MALL位于南宁市老城区核心商圈东侧区域，属于琅东商圈。项目融住宅、公寓、购物中心为一体，旨在打造区域一站式现代家庭生活体验购物中心。

本设计充分考虑规划布局对城市空间形态及主干道临街界面的影响，打破传统居住区封闭内向的属性，通过城市界面的层层步梯及休闲露台、云顶镂空构架将商业区与自然开放空间完美融合在一起，以开放的姿态面向南宁人民。购物中心设置精品商店、

创意集市、特色餐饮、主题娱乐、亲子中心、IMAX影厅等各色业态，让
漫步在商业中的人能够有购物、休闲、享受自然景观的多重舒适体验，
创造家庭购物MALL的全新方式。

NBA 水城商业广场

NBA Water Town

建筑业主：天津鸿盛投资有限公司
建设地点：天津市武清区
用地面积：25 922m²
建筑面积：69 410m²
建筑功能：商业街
竣工时间：2017 年 12 月
主创设计：郑灿

项目位于天津市武清区，地处京津综合发展主轴的重要节点，区位优势得天独厚。地块西邻全球第一个NBA中心，北临城市主干道，项目商业、景观资源丰富。依托两大主题性主力店的商业带动效应和大型景观公园对休闲人群的聚集效应，形成商业区位优势。

商业设计以打造与NBA中心融为一体的休闲娱乐商业中心为目标，以NBA和运动为主题，采用美式建筑风格，在公共空间、运动公园设计中引入大量与NBA中心相匹配的元素。

将以NBA为主题的商业中心、人性化的场所创造及多样化的公共空间作为设计理念，让项目成为球迷休闲聚会的目的地。以人为本，注重人的空间感受。强调顾客的空间体验，将购物体验性作为商业设计的重要元素，将人的感受作为项目品质的重要指标。以点式圆形和弧形为元素设计地块内公共空间，于地块内部设置NBA大道步行街、NBA广场、全明星广场、球迷滨水活动广场等特色公共空间，以特色空间形成项目的体验空间。同时配合空间设计、建筑设计，以错落的建筑退台形成位于不同高度的感受空间的立体平台。

天津中冶·和悦汇
MCC World

建筑业主： 天津中冶置业

建设地点： 天津市河西区

建筑面积： 40 000m²

建筑功能： 商业街

竣工时间： 2018 年 11 月

主创设计： 郑灿

天津中冶·和悦汇面积约4万 m²，坐落于天津市河西区，大沽南路南侧、黑牛城道北侧、洪泽路东侧，交通通达性较好。天津中冶·和悦会项目是中冶置业集团倾力打造的天津地区高端综合体项目，以住宅、公寓、写字楼为主，辅以商业及完备的配套设施。天津中冶·和悦汇以"漫步式人文生活会客厅"为理念，汇聚时下流行的餐饮美食、儿童亲子、文化艺术、精品零售、配套体验等多重商业业态。项目采用街区的形式，打造多维立体的商业街建筑形态，营造一种"亲人文、近自然"的空间氛围。

一楼突出"都市消费快时尚"的理念。二楼则突出"家庭艺术悠享"的理念，不仅有人人乐旗下精品超市Le Super、澳洲最流行的咖啡品牌高乐雅，更有翰墨罗浮宫、陶冶创益、会宾楼等融合艺术与时尚的品牌。三楼引入"亲子互动新生活"的概念，多派少儿艺术中心、好象艺术·新美学空间、校园演播厅等亲子主题的商户强势加入，为来到天津中冶·和悦汇的顾客打造了都市当中的"第三空间"。

THE ARCHITECTS of SUNYAT

查翔

溧阳阳光城市·上河城购物中心
宁波江湾城
上海衡山坊
郑州·荥阳洞林湖新田城
长沙正荣财富中心

三益中国
设计无限梦想

主要设计项目 Major Design Projects

宁波江湾城
长沙正荣财富中心
温州中心
余姚众安时代广场
成都蓝润项目
郑州新田洞林湖住宅、商业及酒店
泰州华润国际社区
溧阳阳光城市及上河城商业
长沙旭辉国际广场
济南外海中央花园
上海衡山坊

查翔

专业：建筑学
毕业时间：2009 年
学位：建筑学博士
毕业院校：同济大学
职务：上海三益建筑设计有限公司
设计总监

上海三益建筑设计有限公司

上海三益建筑设计有限公司创立于 1984 年，总部设在上海，在南京、济南、西安、成都、郑州等地设有办事机构，是全国十大民营建筑设计机构之一，专注于城市综合体、商业地产、精细化住宅、城市更新、文旅地产、特色小镇及 BIM 等设计领域。三益中国通过构建商业地产全产业链服务模式及住宅专项研究，形成公司在各设计领域的核心竞争力，先后为 500 余家知名开发商，包括绿地、华润、保利、龙湖、富力、世茂、招商、远洋、复地、金科、新城、旭辉、中南、蓝光、正荣、宝龙、上实等百强地产企业提供长期的专业设计和咨询服务，作品遍布全国 200 余个城市，获得百余项优秀设计奖项。

溧阳阳光城市·上河城购物中心

Sunshine Plaza, Liyang

建设规模： 900000 ㎡

建设地点： 江苏，溧阳

委托业主： 江苏万恒房地产开发有限公司

主创团队： 创作事业三部

设计时间： 2009 年

　　该项目是以新都市主义理论为原型建构的大型城市综合体，含有 80 万平方米的大型住区，11 万平方米的街 Mall 式购物中心。住区分为南北两区，通过"外紧内松、底层通透、环境为先、入口联动"探索和创造了一个符合地方需求的高品质现代都市居住空间。街 mall 打造了一个适宜城市尺度和消费能力的新型区域型购物中心，为了营造更好的商业空间和服务，该项目在 2015 年至 2017 年进行了业态升级和外立面改造。

　　该项目曾荣获上海市建筑学会商用建筑创新奖。

宁波江湾城

Jiangwan City, Ningbo

建设规模: 600 000 ㎡

建设地点: 浙江，宁波

委托业主: 宁波海曙城投置业有限公司

主创团队: 创作事业三部

设计时间: 2012 年

项目地处宁波三江口核心区，地块呈扇形，北窄南宽，南侧为 670 m 长的一线奉化江景。整体包含高端住区、5A 级办公楼、精品商业配套、文化中心、幼儿园、高端公寓等。设计通过强化视线通廊、打造舒适宜人的公共空间、建立地块的步行连接来构建和谐社区和亲人化的高品质环境。

目前该项目已完成设计及审批工作开始建设的一期工程（南区），含 7 幢高层住宅、一幢高层公寓、一个幼儿园、一个文化中心及两幢商业办公楼。

上海衡山坊

Hengshanfang, Shanghai

建设规模： 7 304 ㎡

建设地点： 上海，徐汇区

委托业主： 上海衡复置业

设计团队： 上海三益建筑设计有限公司（规划、建筑平面及施工图设计）
同济大学建筑设计研究院（建筑立面设计）
阿科米星建筑设计事务所（8号楼立面设计）

设计时间： 2010年

衡山坊属于典型的城市更新项目，由11幢独立花园洋房及两排典型上海新式里弄住宅组成。北部新里集合了创意办公、艺术空间及异国美食，南部花园洋房主要以精品零售店为主。

在充分尊重场地原有的文脉和肌理，保留原有建筑风格、建筑体量及空间布局的前提下，对建筑进行修缮、加固与提升，通过对老上海的洋房街巷进行改造，赋予其商业内涵，让破旧的老建筑成为新的时尚元素，成为上海又一时尚地标。

该项目荣获2015年度美居奖东赛区"中国最美楼盘"奖项。

郑州·荥阳洞林湖新田城

Donglin Lake, Xintian City, Zhengzhou

建设规模： 500 000~600 000 ㎡
建设地点： 荥阳市贾峪镇洞林湖
委托业主： 河南新田城置业有限公司
主创团队： 创作事业三部
设计时间： 2014 年

　　项目位于荥阳市贾峪镇洞林湖，自然环境优越，内部有天然湖泊洞林湖，周围山林环抱，建筑依山而建，随势而行。整个新田城具有宜居、宜游、宜购等全方位、多层次的生态文化住区，包含数个不同风格的居住小区、国际学校、传统风情购物商街、滨水风情体验商街、超四星级美爵酒店等。

　　目前项目已经完成 80% 的工程量，整体新田城初具规模，随着郑州城市规模化不断发展，该区域已成为城西非常重要板块。

长沙正荣财富中心
Zhenrong Fortune Center, Changsha

建设规模： 800 000 ㎡
建设地点： 湖南，长沙
建设单位： 长沙正荣置业有限公司
主创团队： 创作事业三部
设计时间： 2013 年
摄影师： 胡义杰

　　长沙正荣望城财富中心项目用地位于长沙市望城区，北侧为望城区政府，与斑马湖仅一步之遥，周边环境良好，区位条件优越。该区域既是未来望城区的行政中心，又是东北区高尚居住区，具有一定的区域优势。包含 70 万 ㎡ 的宜居住宅和 10 万 ㎡ 的特色商街及办公楼，住宅设计的关键在附加值的提升，户型通过空中花园、飘窗和角窗、最小化公摊、南北阳台等，增加购房者的实惠性和保值性。项目打造极具现代时尚感的空间体验和造型效果，以期成为该区域的标志性建筑并能持续带来新奇的商业体验感和购物氛围。

THE ARCHITECTS of JWDA

康　雷
张　强

浙江安吉 Club Med 度假酒店
浙江青田千峡湖旅游度假小镇
浙江桐乡平安合悦江南小镇
北京中粮瑞府
海南三亚亚特兰蒂斯酒店二期
广州萝岗绿地中央广场
成都麓湖郎酒总部

JWDA 骏地设计

康 雷

专业：建筑学

毕业时间：2000 年

学位：建筑学学士

毕业院校：同济大学

职务：上海骏地建筑设计咨询股份有限公司 资深合伙人

事业一部总经理

职称：国家一级注册建筑师

主要设计项目 Major Design Projects

浙江安吉 CLUB MED 度假酒店

浙江青田千峡湖旅游度假小镇

浙江青田 CLUB MED 度假酒店

浙江桐乡平安合悦江南小镇

广州美林湖温泉大酒店

北京中粮瑞府

北京中粮天悦壹号

北京中粮京西祥云

杭州绿地华家池壹号

上海青浦天地健康城

张 强

专业：建筑学

毕业时间：2007 年

学位：建筑学硕士

毕业院校：同济大学

职务：上海骏地建筑设计咨询股份有限公司 合伙人

事业一部副总经理

职称：国家一级注册建筑师

主要设计项目 Major Design Projects

广州萝岗绿地中央广场

成都麓湖郎酒总部办公

上海徐汇滨江梦想强音总部

华翔集团上海总部项目

上海烟草浦东科技创新园

浙江桐乡耀华国际教育学校

海南三亚亚特兰蒂斯酒店二期

福州首融锦江花园项目

上海杨浦融信新江湾项目

广州中冶长岭居 CPPQ-A2-1 地块项目

上海骏地建筑设计咨询有限公司

　　上海骏地建筑设计咨询有限公司成立于 2005 年，2015 年正式更名为上海骏地建筑设计咨询股份有限公司，2016 年 4 月新三板挂牌上市，股票代码：骏地设计 836207。系美国 JWDA 建筑设计事务所中国合作机构，在深圳、重庆设立分公司，拥有来自美国等多国的注册建筑师团队。凭借各类专业技术特长，屡获业内权威设计大奖，获得包括美国金砖奖、AIA、APA 等国内外专项奖项。

　　骏地设计事业一部，聚焦文旅、人居、产业三大板块，秉承全球化设计视野，立足于本土化服务需求。凭借清晰缜密的设计策略、富有创意的设计思维、严谨务实的设计服务，打造了多个行业内极具影响力的优秀项目。

浙江安吉 Club Med 度假酒店
Club Med Joyview Resort Hotel in Anji, Zhejiang

项目业主： 中国港中旅集团
建筑设计： 上海骏地建筑设计咨询股份有限公司
设计团队： 事业一部
项目地点： 浙江省湖州市
用地面积： 137 304 ㎡
建筑面积： 45 893 ㎡
建筑功能： 酒店
设计时间： 2014 年

本项目位于享有中国第一竹乡、中国白茶之乡美誉的浙江省安吉县，基地背靠灵峰山，地势较缓。整个酒店坐山拥水，场地内以农田、茶园为主，周边被竹林环绕，竹与茶成为本项目的灵魂。所以设计以建筑与茶园、竹林、山体融为一体为主要原则，充分尊重现有场地，最大限度地减少对环境的破坏。建筑呈阶梯状依山布置，随着高低远近的空间序列而变换，各功能区块之间通过斜向扶梯和廊桥连接，为住客创造从内而外的度假体验。

中国文化历来讲究人与自然的和谐共生，因此中国的建筑多以庭院来承载人与自然的亲和关系，所以设计将"庭院"作为空间的连接、引导或隔离的媒介，打造了一个具有传统江南特色的现代度假酒店。

浙江青田千峡湖旅游度假小镇

Qianxia Lake Resort Village in Qingtian, Zhejiang

项目业主： 千峡湖旅游开发建设有限公司
建筑设计： 上海骏地建筑设计咨询股份有限公司
设计团队： 事业一部
项目地点： 浙江省丽水市
用地面积： 60 800 ㎡
建筑面积： 75 094 ㎡
建筑功能： 酒店、客栈、商业
设计时间： 2014—2015 年

　　本项目位于浙江省丽水市青田县北山镇,整体规划以千峡湖水景为中心,设计三条主要线形空间: 滨水商业水岸、休闲活力商街及汤池生活慢街。三条商业街呈弧形环抱湖面,各纵向街道呈放射状由湖面向外散开,自然引向三个入口。中间设置标志性的观景平台。那些由商业主街上衍生出的数条尺度较窄的街道及小巷沿着院宅建筑的外墙延伸,又相互贯通,增添小镇市集氛围,同时尺度最小的窄巷也承载着客栈后勤服务通道的作用。

　　建筑布局模拟中式合院民居,以庭院空间串联其他功能空间,通过不同的组合来丰富使用者的体验。单体建筑由气氛活跃的入口庭院开始,经由回廊过渡到文化庭院,再通过半私密的内庭院到达私密的客房区或泡汤区,整个体验过程层层递进,由闹入静,自然与人文互相交融,使人既体会到传统中式庭院的意韵,又享有完整的客栈体验。

浙江桐乡平安合悦江南小镇
Ping An Insurance (Group) Town of Viva Green

项目业主： 中国平安

建筑设计： 上海骏地建筑设计咨询股份有限公司

设计团队： 事业一部

项目地点： 浙江，桐乡

用地面积： 52 270 ㎡

建筑面积： 69 417 ㎡

建筑功能： 商业

设计时间： 2012—2013 年

本项目以创新性、综合性、地标性和生态性为目标进行规划设计，具有以下几个特点：首先是有机灵活的规划结构，行人能感受到穿梭于广场、景观小品、水岸平台等不同空间的情趣；其次是怡人的规划尺度，给行人带来非常舒适的活动体验；再次是功能丰富的步行街，使抱有不同使用目的的人们能互相交流并感受到便利。

以上几点都通过整个社区中较低的建筑密度、对材料和建筑形式的多种使用体现出来。建筑融合了18世纪英式风格、北欧风格和现代风格，模仿了一个欧洲小镇的自然生长历程，人们信步其间，可以感受到浓厚的欧洲传统风情以及现代时尚风格。

北京中粮瑞府

The Garden of Eden

项目业主: 中粮(地产)集团股份有限公司

建筑设计: 上海骏地建筑设计咨询股份有限公司

设计团队: 事业一部

项目地点: 北京市

用地面积: 75 359 ㎡

建筑面积: 81 716 ㎡

建筑功能: 住宅

设计时间: 2013—2014 年

作为容积率0.6的低密度别墅,同时又定位为北京最顶级的豪宅产品,本项目没有遵循常规的联排别墅或叠加别墅的组合方式,而是创意地使每户豪宅前后左右双向拼接,且每一户均为内向型围合,庭院完全独立而不受外界干扰。

中国文化历来讲究人与自然的和谐共生,审美更重视含蓄和内敛,崇尚曲径通幽、步移景异的意境。因此,设计塑造了不同形状和大小的若干庭院,将其渗透到建筑的每一个角落,和功能空间交织在一起,使人对自然的渴望得以充分满足。特殊的组团拼接形式既使产品具备充分的使用效率,又确保了每一户高端业主享有绝对的私密性。每户的围墙都精心考虑了高度,避免了相邻单元间的视线干扰,而内院本身则给业主提供了与家人共享天伦的最佳场所。

海南三亚亚特兰蒂斯酒店二期

Atlantis Hotel Phase II in Sanya，Hainan

项目业主： 复兴地产
建筑设计： 上海骏地建筑设计咨询股份有限公司
设计团队： 事业一部
项目地点： 海南省三亚市
用地面积： 229 370 ㎡
建筑面积： 162 296.81 ㎡
建筑功能： 酒店
设计时间： 2014 年

　　海南岛是中国极具特色的热带岛屿，丰茂的热带植被和得天独厚的海景使三亚成为别具一格的度假胜地。本案临近三亚海棠湾，紧临水上乐园。周边优厚的自然资源被发挥到极致，宜人而丰富的户外公共空间成为设计的一大亮点——无论是林荫道还是景观节点，时时刻刻都引领着人们感受自然景观的美好。

　　单元设计中，设计师则将重点放在了创造户内功能空间、公共空间以及景观的和谐关系上。通过层层递进的公共空间，创造出不同等级的户内院落。同时，不同景观（入口、水池、绿植）的置入则为空间带来园林步移景异的审美趣味，不仅提高空间品质，也使单元的空间氛围更开阔自如。

广州萝岗绿地·中央广场
Greenland·Central Plaza in Luogang Guangzhou

项目业主：绿地集团广州事业部

建筑设计：上海骏地建筑设计咨询股份有限公司

设计团队：事业一部

项目地点：广东省广州市

用地面积：103 188 ㎡

建筑面积：535 972 ㎡

建筑功能：办公、商业、SOHO、公寓

设计时间：2013 年

　　本项目所在区域属于广州萝岗科学城板块的门户，科学大道和开创大道自西向东南贯穿萝岗中心区域。项目定位为广州东部区域标志性的城市综合体，需要通过富有特色的城市空间及建筑形象打造独特的目的性消费地和高端总部办公区，彰显"生态、文化、活力、现代"的设计理念。

　　本案核心策略是用小尺度的街道和街区打造地块的恒久魅力，一系列的小尺度街区串联商业，并通过全区相连的屋顶花园与连廊营造完整的商业氛围。造型独特的文化中心也是宜人街区的一部分。而办公与公寓业态则沿着地块四周有序布置，成为自然而合理的隐性分区。

成都麓湖郎酒集团总部

Chengdu Lu Lake Headquarters of Langjiu Group

项目业主：成都万华新城发展有限公司
建筑设计：上海骏地建筑设计咨询股份有限公司
设计团队：事业一部
项目地点：四川省成都市
用地面积：20 700 ㎡
建筑面积：40 763 ㎡
建筑功能：办公
设计时间：2009 年

对于成都麓湖郎酒集团总部而言，周边山水不仅是生态区，更是情怀寄托之地。郎酒总部的建筑矗立于山水之间，分散式的布局最大化利用了周边景观；因地势而设的建筑，突显了本项目面对自然时的谦卑与隐逸。另一方面，人与人、人与环境的和谐共生也是设计的重点。

全空气空调系统、同层排水等先进技术兼顾了舒适与环保。主要办公建筑通过连廊或天桥相联系，并在连廊的流线尽端与各栋建筑的几何中心位置设有景观中庭，利用自然多变的空间关系塑造建筑形体，既营造了观景视觉焦点，又创造了人与人沟通、交流的平台，可以激发了个体的工作热情。

THE ARCHITECTS OF NEWSDAYS

齐胜利

广州长隆酒店二期
桂林天湖旅游小镇
金叶子温泉度假酒店
丽水养生文化园

束河十二院
郑州纳帕美景红酒庄园
中山清华坊

集美组
NEWSDAYS

齐胜利

专业：建筑城市规划
　　　建筑学
毕业时间：1988 年上海同济大学
1995 年比利时鲁汶大学
学位：双硕士
职务：广州集美组室内设计工程有限公司总裁
职称：高级环境艺术设计师

主要设计项目 Major Design Projects

广州长隆酒店二期
珠海长隆马戏酒店
珠海长隆马戏商业街
中信泰富朱家角锦江酒店
从化碧泉温泉大酒店酒店
东莞索菲特御景湾酒店
安吉君澜度假酒店
北京中信金陵酒店
嘉兴月河客栈
广州太阳新天地
北京北湖玖号
中山清华坊
嘉兴月河客栈

NEWSDAYS 集美组

　　集美组是设计行业的先行者与领军者，经过三十年的发展历练，得到了社会的首肯，成为中国设计界的一面旗帜。集美组践行"一体化设计"路线，专业团队涵盖规划设计、建筑设计、园林景观设计、室内设计、陈设艺术设计、家具饰品设计、VI 标式设计，设计领域不仅有高端酒店、地产住宅，还包含产业园区、文化旅游、美丽乡村、商业综合体等各个方面。

广州长隆酒店二期
Chimelong Hotel Phase Ⅱ in Guangzhou

项目业主： 广州市番禺区香江野生动物世界有限公司、广州市长隆酒店有限公司

项目地点： 广东省广州市

用地面积： 14 万 m²

建筑面积： 20 万 m²

建筑功能： 酒店

奖项： 2010 金堂奖，2010 陈设中国·晶麒麟奖，全国第四届室内设计大展特别荣誉奖、金奖，首届全国环境艺术设计大展金奖

　　总体规划、建筑设计、室内设计、室内外陈设艺术设计及实施、园林景观概念设计、室内公共部分施工

　　广州番禺长隆酒店二期位于中国5A级精品景区——广州长隆旅游度假区的核心地段，为全国最大以动物为主题的生态酒店，共设有1 100间客房以及3万m²的会议中心，其中包含一个面积6 000 m²、高15 m的宴会大厅。

　　酒店设计通过丛林、动物、城堡、岭南等四个概念，创造一种全新的度假体验。建筑风格强调狂野而高贵，蕴含岭南的客家围楼精神，重现远古的呼唤，其独特的生态环境和多样的动物主题设施将为所有到访者带来难以忘怀的体验。

桂林天湖旅游小镇
Guilin Tianhu Tourism Town

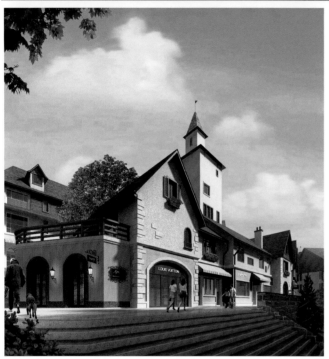

项目业主： 桂林首科鑫福海生态旅游开发有限公司
项目地点： 广西桂林市

　　项目坐落在桂林市全州县才湾镇的西北部，距桂林市 158 km，距全州县城 52 km，距 322 国道 42 km，距资源县城 55 km。

　　天湖旅游小镇整体呈自然状态，沿湖建筑结合天湖的形态进行布局和单体设计，对天湖景色起点缀效果。对天湖西侧坐西朝东的建筑的高度着重控制，以不影响天湖山势起伏的曲线为准则。尽量利用现有已被破坏的山坡，最大幅度减少对山体和植被的损毁。建筑造型宜顺应自然并尽量隐匿于景色中，建筑材料应选用当地石材、木材作为基座与装饰，突显地方特色。

金叶子温泉度假酒店

Pattra Resort

项目业主： 增城市丽山温泉度假村有限公司
项目地点： 广东省广州市
用地面积： 252 246 m²
建筑面积： 33 674 m²
建筑功能： 酒店

设计将轻松自然的休闲与怡静清幽的优雅二者和谐统一，让游客既能体验到当地自然环境的粗朴、原始，又能享受到现代建筑空间的精致营造。所谓的平静放榾舒缓变化，就在体验建筑空间及温泉的过程中自自然然地达到。

丽水养生文化园
Lishui Health Culture Park

项目业主： 丽水市兴业房屋开发有限公司

设计团队： 林学明、曾芷君、齐胜利、吴剑锋、余荣韵、肖莺、陈海利、陈斌

项目地点： 浙江省丽水市

用地面积： 29 882 m²

建筑面积： 9 562 m²

建筑功能： 养生文化园

奖项： 2015 中南地区国际空间环境艺术设计大赛方案设计空间银金奖

2015 年度国际生态设计奖精英邀请赛最佳生态建筑方案类提名奖

整个丽水养生文化园通过一村一堰二石，营造了一种"山深人不觉，全村同在画中居"的梦境。设计通过追寻文化的足迹，运用现代手法把人引入千年江南的梦境之中，让所有进入文化园的客人能够得到一次梦回江南村落的体验。

堪头村村落历史格局及其自然环境风貌具有古朴的江南古镇韵味，现存清朝至民国时期的建筑近20余幢。古朴自然的田园风光与巍巍古堰交相辉映，独特的历史文脉和优美的自然景相融合，完整地保留了古村落的风貌。

项目将酒店定位为"现代丽水村落"。

束河十二院

Shuhe No.12 Hospital

设计团队: 林学明、陈向京、齐胜利、吴剑锋、何洁如、张楚洪、叶姣、毕冠键

项目地点: 云南省丽江市

用地面积: 4 367.63 m²

建筑面积: 2 797 m²

建筑功能: 会所、别墅

奖项: 2015 年度国际生态设计奖精英邀请赛最佳生态建筑方案类提名奖

现代丽江村落风格是从构思、布局到立面处理都贴合自然的一种全新休闲度假别墅风格。它具有以下五个特点。

(1) 力求表现度假别墅的休闲、简约感,并与丽江束河镇优美的自然环境及历史文化相融合。

(2) 在多雨的云南,坡顶是适宜的,灰瓦成为目前最美观、经济、实用的选择。

(3) 清除公众心中固有的丽江形象,用现代主义手法营造别样的丽江形象。

(4) 用既现代又朴素的材料,如涂料粗批荡、金属、玻璃、灰色洞石;也尽量使用丽江地区本土材料,如灰瓦、夯土墙、原木等。

(5) 通过高低错落的体量、多个庭院的穿插、简洁利落的细部、虚实对比的空间、优雅沉静的色彩综合体现建筑之美。

郑州纳帕美景红酒庄园

Zhengzhou Napa Beautiful Red Wine Manor

项目业主：郑州市纳帕美景农业发展有限责任公司
项目地点：河南省郑州市
用地面积：3.9万 m²
建筑面积：5000m²
建筑功能：展示、接待

　　美景集团的红酒来自美国的纳帕谷，设计灵感自然来自那里经典的红酒庄建筑。这个典雅而优美的展示中心恰如其分地展示了红酒文化，也满足了美景集团需要一个场所展示、接待、集会的要求。

中山清华坊
Zhongshan Qinghua Square

项目业主： 中山市圣都房地产开发有限公司
项目地点： 广东省中山市
用地面积： 800 380.3 m²
建筑面积： 706 752.2 m²
建筑功能： 居住

　　用地位于中山市南区树涌村"老虎臀"，总用地800 380.3 m²，地块东、南、北三面环山，中间为相对平缓的坡地和面积约6万 m²的湖面，青山绿水的自然环境为本案提供了一块不可多得的休闲、居住用地。设计总建筑面积706 752.2 m²，包括28幢联排低层住宅、261幢单体住宅、27幢住户会所、1幢幼儿园及其他商业、设备用房。

　　设计指导思想如下。

　　（1）现代中式：现代化的、具有中国文化韵味的居住体。

　　（2）功能布局：以内向性的庭院为居住核心。

　　（3）处处有庭院、绿地，为人们提供一个安静、私密、清洁、美观、文明的居住与交流的环境。

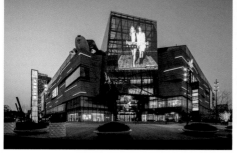

THE
ARCHITECTS OF
CHALLENGE

李杰
曾庆华 等

苏州龙湖首开 · 狮山原著
重庆龙湖 · 舜山府
苏州国瑞 · 熙墅售楼处
龙湖两江 · 长滩原麓展示区
华侨城会所
苏州龙湖狮山天街二期
重庆龙湖时代天街 C 馆
重庆龙湖时代天街 D 馆

李 杰

上海成执建筑设计有限公司
上海执琢建筑设计事务所有限公司（甲级）
创始人 总建筑师
国家一级注册建筑师
国家注册规划师
高级工程师
国际认证高级绿色工程师
世界华人建筑师协会资深会员
上海专家库成员

1995 年毕业于南昌大学建筑系。历任安徽省建筑设计研究院建筑师
2002—2013 为上海日清建筑设计公司合伙人
2013年创立上海成执建筑设计公司、上海执琢建筑设计事务所有限公司（甲级），为公司创始人，总建筑师
获 2015 年度新媒体奖年度设计师

曾庆华

上海成执建筑设计有限公司
上海执琢建筑设计事务所（甲级）
总经理
国家一级注册建筑师
高级工程师
高级绿色工程师

1996 年毕业于南京东南大学建筑系
历任中建总公司西北设计院（西安）建筑师
中建总公司西北设计院上海分公司主任建筑师
加拿大 Watt International Inc. 上海办事处总建筑师
日本 M.A.O 一级建筑师事务所技术总监

上海成执建筑设计有限公司
上海执琢建筑设计事务所有限公司(专业甲级)
CHALLENGE DESIGN

上海成执建筑设计有限公司

上海成执建筑设计有限公司、上海执琢建筑设计事务所有限公司(建筑设计事务所甲级)（CHALLENGE DESIGN PTE LTD）自创办以来始终以"精细化设计，专业化服务"为宗旨，主持设计的作品涉及了商业综合体、度假社区、高端住宅、精品酒店、文化艺术等类型，受到了业主及行业的一致好评。现已成为一家在建筑设计、城市规划、室内设计、木构设计与施工、商业运营等多元化发展的集团性公司，有能力把控项目的全生命周期。

在设计行业专业化程度日益深化的当下，成执设计立足"设计本身"，探讨空间内在深层的体验性与真实性，创造出空间多重发展的可能性，并表达出文化内涵的丰富性及时代语言的精神性。

团队长期与全国TOP10地产集团紧密合作，如龙湖地产、万科地产、华润集团、世茂集团、华侨城地产、保利地产、阳光城地产、香港置地、国瑞地产等。团队成功主持了国内大量建筑设计项目，包括重庆龙湖MOCO中心、重庆龙湖时代天街商业综合体、上海龙湖虹桥天街、重庆龙湖两江原麓木构展示区、重庆龙湖舞山府、宜兴中交阳羡美庐、昆山中节能低碳主题公园、海南华润石梅湾九里度假项目、郑州华润悦府、三亚万科森林公园、成都保利大都会、南京世茂梦工厂、晋江世茂紫茂府、世茂佘山酒店等，实现了大量的自主创新和绿色环保的科技成果，赢得国内外多项大奖，在业内树立了良好的形象。

徐 鹏

上海成执建筑设计有限公司
上海执琢建筑设计事务所（甲级）
副总经理
中级绿色建筑工程师

从业简述

2002 年毕业于华中科技大学
任上海日清建筑设计有限公司项目建
筑师

许阳峰

上海成执建筑设计有限公司
上海执琢建筑设计事务所（甲级）
BIM 研究中心主任
国家一级注册建筑师
高级工程师
中级绿色建筑工程师

从业简述

1995 年毕业于南昌大学建筑学专业
历任南昌有色冶金设计研究院（现中
国瑞林工程技术有限公司）建筑分院
建筑师
上海同炎李国豪土建工程咨询有限
公司项目主管
上海同济开元建筑设计有限公司项目
主管
曾获江西省级优秀设计一等奖，有色
金属工业总公司优秀设计奖

吴 军

上海成执建筑设计有限公司
上海执琢建筑设计事务所（甲级）
设计总监
中级绿色建筑工程师

从业简述

2003 年毕业于中国美术学院建筑设
计专业
历任杭州浙华设计公司建筑师
上海日清建筑设计有限公司项目建筑
师

徐小康

上海成执建筑设计有限公司
上海意执建筑设计事务所
设计副总监
工程师

从业简述

2007 年毕业于南昌大学建筑系
任上海日清建筑设计有限公司执行建
筑师

薛 羽

上海成执建筑设计有限公司
上海意执建筑设计事务所
设计副总监

从业简述

2004 年 7 月毕业于南京大学
历任上海人禾建筑设计有限公司建筑
师
上海都林国际设计有限公司建筑师
上海日清建筑设计有限公司执行建筑
师

刘 巍

上海成执建筑设计有限公司
上海意执建筑设计事务所
设计副总监
工程师

从业简述

2003 年毕业于中国美术学院建筑设
计专业
历任日本 RIA 都市建筑设计研究所
上海日清建筑设计有限公司执行建筑
师

姜 超

上海成执建筑设计有限公司
上海意执建筑设计事务所
设计副总监

从业简述

2004 年 7 月毕业于南京大学
历任上海人禾建筑设计有限公司建筑
师
上海都林国际设计有限公司建筑师
上海日清建筑设计有限公司执行建筑
师

黄 伟

上海成执建筑设计有限公司
上海执琢建筑设计事务所（甲级）
木结构设计组总监

从业简述

2003 年毕业于扬州大学建筑系建筑
学专业
历任中建东南建筑设计院江苏分院
南京华艺
上海中建国际
上海艾麦欧建筑设计有限公司
上海日清建筑设计有限公司

张永鹏

上海成执建筑设计有限公司
上海执琢建筑设计事务所（甲级）
设计副总监
工程师

从业简述

2005 年毕业于东北石油大学
历任哈尔滨方舟建筑设计事务所建筑
师
加拿大 PHD 建筑设计有限公司建筑
师
巴马丹拿建筑设计（上海）有限公司
建筑师
上海日清建筑设计有限公司执行建筑
师

唐林衡

上海成执建筑设计有限公司
上海执琢建筑设计事务所（甲级）
设计副总监

从业简述

2010 年硕士毕业于西安建筑科技大
学
历任上海日清建筑设计有限公司建筑
师

严 芳

上海成执建筑设计有限公司
上海执琢建筑设计事务所（甲级）
设计副总监
工程师

从业简述

2012 年毕业于南京工业大学建筑专
业硕士
任上海日清建筑设计有限公司建筑师

吴雪艳

上海成执建筑设计有限公司
上海执琢建筑设计事务所（甲级）
室内部总监

从业简述

毕业于浙江理工大学
历任美国 IIG-STUDIO 设计总监
上海市装饰协会室内设计专业委员

苏州龙湖首开·狮山原著
Longfor mansion，Suzhou

项目业主：苏州合本投资管理有限公司

建设地点：江苏省苏州市

用地面积：109 981.2 m²

建筑面积：241 770 m²

设计时间：2015—2017 年

项目状态：建成

主创设计：李杰

参与设计：徐鹏、徐小康、丁超、刘奇建、栗梦瑶、陈颖、敖翔、吴学成、张欢、朱永林、侯鑫、赵宇

获奖情况：2017—2018 地产设计大奖 ·中国/CREDWARD 居住项目优秀奖

狮山原著项目位于苏州高新区狮山板块，占据狮山商务区核心地块。本项目2016年5月首次开盘，仅两小时，700套房源就宣告售罄，创下了全中国单天单盘销售40亿元的神话，不仅刷新了苏州楼市纪录，也创造了龙湖历史上的单盘最高纪录。

狮山原著是成执设计创新户型的标杆项目，真正从客户体验出发，设计较多的可变空间，并将诸多功能细致化。秉承匠心精神，打造全墅生活，为居住者创造出与众不同的生活方式。在设计创作的过程中，强调与功能的关联性及技术的合理性，并遵循切实的功能法则去创造形体。用尽面宽，严守边界，使得外部资源最优化，内部景观最大化。

重庆龙湖·舜山府
ChongqingShun Mountain House

项目业主： 重庆龙湖创安地产开发有限公司

建设地点： 重庆市两江新区

用地面积： 28.9 万 m²

建筑面积： 422 663.0 m²

设计时间： 2014—2017 年

项目状态： 建成

主创设计： 李杰、徐鹏、唐林衡

参与设计： 候鑫、吴学成、敖翔、张磊、周坤志、葛英、吴良

获奖情况： 2017 第十二届金盘奖总评年度最佳预售楼盘

　　龙湖·舜山府位于重庆主城核心、4 300亩（约286.7万 m²）照母山森林公园腹地，生态资源良好，坐拥这座城市的辉煌与期盼。项目业态主要涵盖半山大独栋和森林大平层。匠心打造代表重庆对话世界的艺术建筑群。以山人交融的理念，进行产品打造，誓创经典。

　　方案延续照母山肌理，层层递进，通过"一环一带多线轴"与照母山紧密连接，三轴六庭串联生活区、休闲区、娱乐区，使都市生活与自然景观相得益彰，形成独一无二的高价值都市场所。山水之城以极具现代感的流线型建筑形态与山形水势相呼应、相观望，创造高品质景观社区与自然环境的和谐对话。

苏州国瑞·熙墅售楼部
Suzhou Glony Villa Sales Department

项目业主: 苏州国瑞地产
建设地点: 江苏省苏州市
建筑功能: 住宅售楼处
用地面积: 74 196 m²
建筑面积: 1 000 m²
设计时间: 2016 年

项目状态: 建成
主创设计: 李杰、严芳、徐小康
参与设计: 曹鹏程、苑丽华
获奖情况: 2017 地产设计大奖

　　项目位于苏州市吴中区,周边遍布各大苏州名园。售楼处是整个概念的核心展示区,体现"皇家文化"与"苏州园林"的融合统一是本项目设计的核心概念。

　　设计将苏州园林的自然山水、曲径通幽、景异移步的古、秀、精、雅展现在眼前。而熙墅的布局又将山水微缩至"一家一院一园",使乾隆时代的皇家风光藏匿于方寸天地。并且借鉴皇家建筑的重檐的方式,追求建筑的比例和深远的出挑,化繁为简,很好地演绎了现代皇家建筑的气质和气势,是皇家文化与江南文化的完美合一。

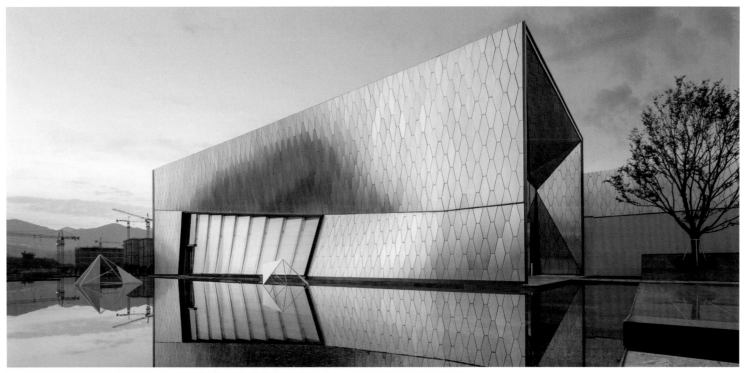

龙湖两江·长滩原麓展示区
LongFor Now Here-Showbox

项目业主：重庆龙湖地产有限公司
建设地点：重庆市渝北区
建筑面积：4 000 m²
设计时间：2017—2018 年
项目状态：建成
主创设计：李杰
参与设计：黄伟、严芳、许阳峰、吴雪艳、冯武兵、刘喜桃、刘寅、郑文龙、薛成宗、颜袁原
获奖情况：2018 年第十三届金盘奖西南赛区年度最佳预售楼盘奖

项目位于重庆市渝北区龙兴古镇御临河岸边，周围环以水面和庭院，一系列精心组织的建筑和景观元素，形成了上下、内外、远近之间往复变化的空间叙事，使建筑有了"可读性"。现代建筑的空间形态，是感性与理性的交织，新型木构建造技术，为现代木构建筑设计带来了全新的木构空间形态，以其人性化设计诠释现代木构建筑的自然回归。

建筑师关注的是空间本身，"关注自然光在建筑中的演出，关注溶解在光线中的结构形式。"这种由内而外的建筑的目标是整体性及真实协调的感觉，它能够形成功能、空间、材料、光、结构的交融与对话。建筑师将重庆古镇传统的折坡屋顶和书籍的形式语言转换成建筑形体，抽取变化的单元模式并将其转为结构构件，对多片构件进行排列组合，产生空间与形式的变化。

华侨城会所
OCT Shenzhen Clubhouse

项目业主： 重庆华侨城实业发展有限公司
建设地点： 重庆市
建筑功能： 展览
用地面积： 27 068 m²
建筑面积： 4 597 m²
设计时间： 2015 年 2 月至 2016 年 2 月
项目状态： 建成
主创设计： 李杰
参与设计： 徐鹏、薛羽、邱淳、陈首都

项目位于重庆市北部新区，主要功能是作为生态公园区的展示及活动场所（其中功能用房面积3 800 m²，展示中心1 800 m²）。用地范围内的原始地形为一个高差约20 m的缓坡，北侧靠近道路处有一天然陡坎，南侧为天然坡地，东西两侧均为住宅用地。

本项目顺山为场，应水为策，并将建筑化零为整，错落有致。合厅造崖，不仅使山巅之建筑极具戏剧性，富有矛盾的冲击力，也在寻找建筑与自然的共生。内部空间高低起伏，流线蜿蜒曲折，空间层次与功能达到完整统一，人在建筑之中宛如在自然山野中行走，甚是有趣。

苏州龙湖狮山天街二期
Paradise walk shishan · Suzhou Longfor

项目业主： 苏州龙湖基业房地产有限公司

建设地点： 江苏省苏州市

建筑功能： 商业、办公、住宅

用地面积： 26 161 m²

建筑面积： 160 480 m²

设计时间： 2013 年 7 月至 2016 年 5 月

项目状态： 建成

主创设计： 李杰

参与设计： 曾庆华、姜超、杨恒江、薛羽、戴震、严芳、黄俊、宋森

获奖情况： 2017—2018 地产设计大奖 ·中国 CREDWARD 商办项目优秀奖

项目位于苏州高新区，沿街狮山路是城市主要形象道路，项目的展示性较为重要。本项目由商业、办公、住宅三大功能区组成，毗邻地块为龙湖狮山天街的综合体项目，两者在空间和业态形式上形成互补。

项目通过一条环形的回游流线，将内部向城市打开，形成开放的公共商业空间。公私垂直分区，人流合理分开，为居住人群在城市中心提供了一处私享空中花园。公建化塔楼立面，运用幕墙设计，极具现代感，又兼顾了室内使用功能。

重庆龙湖时代天街 C 馆
Paradise walk shishan · Suzhou Longfor C Pavilion

项目业主： 重庆龙湖成恒地产开发有限公司
建设地点： 重庆
建筑功能： 商业综合体
用地面积： 45 576 m²
建筑面积： 334 957 m²
设计时间： 2011—2014 年
项目状态： 建成
主创设计： 李杰
参与设计： 薛羽、黄伟、池文俊、威巍、戴震、魏成

获奖情况： 2016 年第十一届金盘奖西南赛区最佳商业综合体

C馆为本项目核心区域，是经典沉淀后的兴起，是精华总结后的创新。2014年初C馆（二期）开业，并于2016年获得金盘奖等各项大奖，也成为成执设计在商业领域中的里程碑。

二期与一期通过连廊连通，完整商业流线一气呵成，实现商业的均好性与互动性。巧妙利用中心花园景观与文化元素，突显开放式街区商业的特色，并形成目的性消费区域，将购物、自然与休闲融为一体。

重庆龙湖时代天街 D 馆
Paradise walk shishan · Suzhou Longfor D Pavilion

项目业主： 重庆龙湖成恒地产开发有限公司
建设地点： 重庆
建筑功能： 商业综合体
用地面积： 28 825 m²
建筑面积： 55 988 m²
设计时间： 2012—2015 年
项目状态： 建成
主创设计： 李杰
参与设计： 曾庆华、姜超、宋森、黄俊、邵伟龙、张永鹏、薛羽、戴震

获奖情况： 2017 年第十二届金盘奖西南地区最佳商业综合体

重庆龙湖时代天街D馆在2016年7月正式开业，基于已经开业的时代天街一期（A、B馆）、二期（C馆）分别为家庭时尚生活中心、娱乐文化中心，为了填补项目业态空白，巩固时代天街的商业地位，D馆定位为"潮流青年中心"。

D馆汇集众多体验性业态，打造体验之城（Experience City）。设计打破传统高楼的形态，通过玻璃幕墙的处理，将塔楼塑造成四个"冰晶立方"，其如水晶般漂浮在裙房之中，以新颖、冲击的体块关系，突显青年时尚的主题。源于景、表以形、达于意。

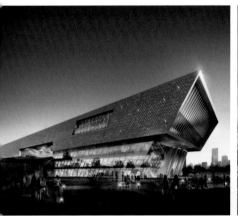

THE ARCHITECTS OF AIM

陈晓宇

Green Belt
星港城·万达广场
东方新天地
广州南站地下空间
天颐华府
天安珑城

主要设计项目 Major Design Projects

商业类：星港城·万达广场、东方新天地、Green Belt、广州南站地下空间、漫广场、中盈国贸中心、阳江国际金融中心、奥园珠海科技广场

公建类：广外江门外国语学校、奇槎体育馆、中大永芳堂、沙面全面改造

住宅类：天颐华府、天安珑城、保利珑门广场、保利中环广场、招商熙和园、金色年华、万科幸福城

文旅类：桂林万达旅游小镇、广州花都文化旅游城酒店群

陈晓宇

专业：建筑学

毕业时间：1997 年

学位：硕士

毕业院校：华南理工大学

职务：总建筑师、董事长

职称：加拿大注册建筑师

OAA、加拿大皇家建筑师会员

MRAIC

AIM 亚美设计集团

　　AIM亚美设计集团（AIM International Group）诞生于加拿大，广州总部聚集国内外精英设计师200余人，一直致力提供以建筑设计为核心，从策划、规划、景观、室内、灯光、幕墙设计到商业招商、运营的一体化定制的全程服务。

　　AIM亚美设计是少数同时具有国际品牌、中国建筑行业综合甲级资质以及与客户长期战略合作三大核心竞争力的设计集团。不仅拥有一流的创意，还有一支强大的包括结构、水电、暖通、室内、景观等专业的技术队伍作为项目支撑，以确保方案的可实施性和有效控制造价。在与国内众多知名地产商（如万科、恒大、保利、招商、中海、中信、奥园、龙光、万达、天安数码等）的长期合作中，无论是设计品质还是服务均受业主好评。AIM亚美先后承接了诸多如星港城万达广场、桂林万达旅游城、广州万达文化旅游城酒店、新凯广场、东方新天地、广州漫广场、广州国际皮具中心、巴伐利亚庄园、敏捷华南金谷、金州体育城、保利珑门广场、保利西海岸、保利中环广场、万科幸福城、恒大翡翠华府、天安珑城、广州南站地下空间设计、京华广场、阳江国际金融中心等上百个成功案例。

　　资深的行业背景、良好的方案水平、优质的设计服务团队，　使AIM亚美陆续获准进入了各大品牌供方库，如万科、保利、招商、恒大、绿地集团、中海、奥园、新城控股、碧桂园、希尔顿、香格里拉、洲际、万豪、精选国际酒店、万达等。

Green Belt

"商业改变城市"——概念商业广场国际建筑设计竞赛专业组作品评审会,在万达学院成功举办。本届竞赛由国际著名建筑师、Daniel Libeskind事务所创始人丹尼尔·里伯斯金担任专业组评委会主席。面对来自世界各地的专业参赛作品,评委们进行了三轮评审,AIM亚美作品 "Green Belt"在"概念商业广场"国际建筑设计竞赛专业组中脱颖而出,获得优秀奖。

Green Belt由商业广场与市政公园交错而成,尝试让更多有不同需求的人参与和受惠。方案借鉴DNA的形态,使公园和商业作为两条独立的流线通过艺术空间、餐饮等"键链"联通,形成DNA式的流线及业态构造,从而改变现在商场的单一体验。市政公园流线从室外穿过建筑体一直上升至建筑屋顶,逐渐从公园转变成社区主题,并可根据项目所在城市需求,替换成主题乐园或公共绿地。通过近600m的公园流线,打造"天空之城"。设计还重点考虑了未来虚拟与实体结合的商业模式,并利用建筑设计带动商业的革新,为未来城市打造一个自由参与的生活舞台,一个多层次的记忆交汇场所。

通过对市民需求、生态融合买、环境改造、优化消费方式等方面的研究,融合商业空间的设计;贴合Green Belt的大环境规划元素,达到 "商业改变城市"的项目目的。

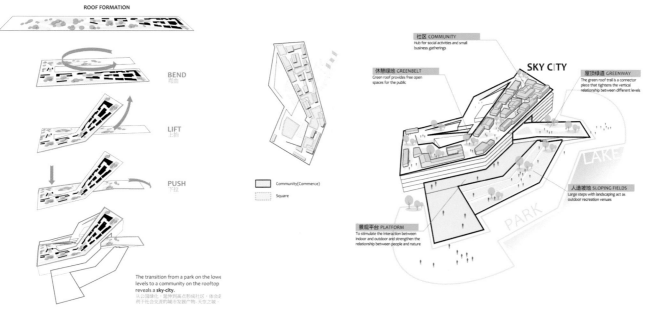

ROOF FORMATION

BEND
弯曲

LIFT
上拍

PUSH
下拉

The transition from a park on the lowe levels to a community on the rooftop reveals a *sky-city*.
从公园绿化·延伸到高点到社区·体会会
柯于社会公度的城市安装广场·天空之城

Community(Commerce)

Square

社区 COMMUNITY
Hub for social activities and small business gatherings

休憩绿地 GREENBELT
Green roof provides free open spaces for the public

SKY CITY

屋顶绿道 GREENWAY
The green roof trail is a connector piece that tightens the vertical relationship between different levels

景观平台 PLATFORM
To stimulate the interaction between indoor and outdoor and strengthen the relationship between people and nature

人造坡地 SLOPING FIELDS
Large steps with landscaping act as outdoor recreation venues

LAKE

PARK

星港城·万达广场
Star Bay · Wanda Plaza

项目业主：万达集团（广东城际置业有限公司）
建设地点：广东省广州市
用地面积：79 383.6 m²
建筑面积：800 000 m²
建筑功能：商业综合体
竣工时间：2017 年 6 月
主创设计：陈晓宇等
获奖情况：2016 年度最佳商业楼盘
中国城市可持续发展推动力"金冠奖" 2016 年度十大新兴商业
标杆项目
2017 年度中国城市可持续发展推动力"金殿奖"
2017 年度华南地区购物中心规划设计创新奖

　　2017年6月，金沙洲星港城·万达广场这艘承载着购物中心、摩天轮乐园、喜来登酒店、公寓等超80万 m²的商业航母已经扬帆，在一片商业红海中突围而出，成功吸引了万达集团的投资，成为万达广场全国第一个收购的项目，闪耀广州和佛山双城。

　　向万达学习，做非标准化万达DNA的升级版产品。在设计规划中，"星港城"差异化的定位不仅仅是购物场所，还通过建造屋顶摩天轮寻找城市记忆点，以及与商业结合在一起的楼顶花园、层层退台的儿童活动区域等，营造体验式和情景式消费，为后期运营打下良好基础。

　　万达集团发展中心华南区总经理沈景琰曾经谈到收购星港城的一个重要因素是星港城的设计团队非常优秀，他们的商业规划设计理念超前，确保了项目的品质，与万达商业发展方向非常吻合，同时项目建设基础扎实，质量也非常过硬。星港城·万达广场也是第 200 座万达广场，它的出现，刷新了整个万达广场在万达集团里面的印象，大大地提升了商业地产的价值。

东方新天地
Dongfang Xintiandi

项目业主： 东建集团

建设地点： 广东省佛山市

用地面积： 15 446 m²

建筑面积： 48 013 m²

建筑功能： 商业

竣工时间： 2017 年 4 月

主创设计： 陈晓宇

获奖情况： 2017 年度华南地区购物中心规划设计创新奖

由于东方新天地位处佛山莲升片区，属于历史建筑核心保护范围，所以其设计上面临很多制约。设计一方面保留了原有历史文化，另一方面也重新优化商业及休憩布局空间。项目限高以及街巷肌理的要求限制了其地上商业空间，设计师就从地下空间入手，既增加了较为整体的商业空间，又与周边成熟的东方广场商圈相连。地上成街巷，地下汇一城，满足设计强条的同时，也创造了充足的现代商业所需的大空间，十分巧妙地将整个东方商圈拓展至近30万 m²。

项目设计还有南粤风情骑楼街，中间一栋充满岭南风情的青砖砌成带镶耳火山墙的仿碉楼建筑是原有街巷——珠玉巷的标志，而通过巷道围合的主体外墙则大量采用欧陆风格的柱体、圆拱，东西方文化元素共冶一炉，是民国骑楼的一次现代演绎。

东方新天地以其骑楼特色商业街为中轴线，打造包括特色手信街珠玉巷、特色岭南艺术星级酒店公寓和高端地下商业MALL等全新的休闲商业体验地。

广州南站地下空间
Underground Space of GuangZhou South Railway Station

项目业主：广州新中轴建设有限公司

建设地点：广东省广州市

用地面积： 240 209 m²

建筑面积： 265 653 m²

建筑功能：交通枢纽综合体

竣工时间：施工中

主创设计：陈晓宇

获奖情况： 2014 设计金拱奖 建筑设计金奖

　　广州南站商务区是珠三角"十二五"发展规划的重点项目之一，是广州市未来五年走"经济低碳、城市智慧、幸福生活"新型城市化发展道路的重要战略部署和组成部分。项目设计将中轴东广场由单一的景观空间打造成集交通、商贸、景观于一体的复合型立体空间，"千年商都"的文化脉络贯穿其中，成为这座千年商邑的现代符号。地下空间定位为"岭南名产品牌百汇，千年商都历史走廊；旅客消费服务中心，城市特色展示窗口"，结合地面一层开敞空间，打造极具特色的西关风情中庭，使沉闷的负一层空间获得良好的采光和通风，增加消费体验的舒适度，提升商业空间的附加价值。

天颐华府
Lake in Poetry

项目业主：慧嘉房地产
建设地点：广东 广州
用地面积：87 812 m²
建筑面积：80 361 m²
建筑功能：别墅
竣工时间：2017 年 6 月
主创设计：陈晓宇
获奖情况：2018 年度最佳楼盘

项目地处广州番禺中心区域，番禺自古以来便是著名的鱼米之乡，经济富庶，文化互通，人们越来越追求高品质的生活环境和精神生活的升华。项目建筑主要为联排、双拼和独栋别墅共154栋，基本保持偏南北的通透朝向，确保每一栋别墅的景观价值。

设计上充分利用自然采光提升建筑的使用舒适度和地下的空间体验感。项目基本采用现代东方风格，在设计中运用超大面积的玻璃窗户，最大限度地把阳光引入每一户别墅，为住户带来享受阳光、亲近自然的悠然生活感受。

天安珑城

Tian'an Center City

项目业主： 天安数码城集团有限公司

建设地点： 广东省惠州市

用地面积： 177 862 m²

建筑面积： 220 000 m²

建筑功能： 住宅、商业

竣工时间： 2017 年 12 月

主创设计： 陈晓宇

获奖情况： 市双优工程 二期住宅

　　项目位于惠阳中心地段，交通十分便捷，滨河景观资源丰富。规划创造全国罕见的超200 m的超大楼距，园林与建筑和谐共生，双城都市生态楼王的豪宅地位不言而喻。

　　仁者乐山，智者乐水。项目位于淡水河旁，住宅立面设计以水平线条构图来突显河水碧波荡漾之美意，增加了建筑的柔和之美。一江春水倾出倩影，建筑与天地间浑然天成。

　　整体规划是一个围合式的建筑群，从舒适宜居的角度出发，牺牲更多的建筑面积，营造超大园林空间。天安珑城楼宽间距达217 m，绿地率为35%，车位1 674个，车位比达1：1.8。整体的建筑风格是现代风格，全部楼栋都采用工字形或品字形布局，保证户户均南北通透。同时配套有大型商业，以超越区域购物中心为导向，构建无限延展的现代生活区，将吃、喝、玩、乐、购融为一体。

THE
ARCHITECTS OF
CADG

叶　铮
刘　勤
马　琴

大连君悦酒店
北京三里屯通盈中心洲际酒店
钓鱼台前门宾馆院落整治修缮工程

北京雁栖湖国际会都（核心岛）精品酒店
黄山昱城皇冠假日酒店

第二建筑专业设计研究院
Architecture Design & Research Inst. II

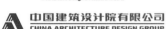

中国建筑设计院有限公司
CHINA ARCHITECTURE DESIGN GROUP

叶 铮

专业：建筑学
毕业时间：1993 年
学位：建筑学学士
毕业院校：浙江大学
职务：第二建筑专业院 院长
职称：教授级高级建筑师
　　　国家一级注册建筑师

主要设计项目 Major Design Projcets

钓鱼台前门宾馆院落整治修缮工程
主语国际中心
莫斯科华铭园中国贸易中心
北京三里屯通盈中心洲际酒店
黄山昱城皇冠假日酒店
南京青奥中心
大连君悦酒店
洛阳嘉禾太子大厦
中国音乐学院综合楼
山东东营蓝海御华大酒店

刘 勤

专业：建筑学
毕业时间：1997 年
学位：建筑学硕士
毕业院校：西安建筑科技大学
职务：第二建筑专业院
　　　建筑二院一所所长
职称：教授级高级建筑师
　　　国家一级注册建筑师

主要设计项目 Major Design Projcets

主语国际中心
雁栖湖核心岛精品酒店 APEC 酒店
北京三里屯通盈中心洲际酒店
南京青奥中心
大连君悦酒店
洛阳嘉禾太子大厦
富华金宝中心
莫斯科华铭园中国贸易中心
北京环球影城诺金度假酒店
郑州银基轩辕湖度假酒店

马 琴

专业：建筑学
毕业时间：2001 年
学位：建筑学硕士
毕业院校：大连理工大学
职务：第二建筑专业院
　　　建筑二院一所副所长
职称：教授级高级建筑师
　　　国家一级注册建筑师

主要设计项目 Major Design Projcets

黄山昱城皇冠假日酒店
厦门机场陆侧配套酒店
北京大学环境科学大楼
厦门海西股权投资中心及科技企业
孵化基地
太原华润中心
中国音乐学院综合教学楼
哈尔滨太阳岛月亮湾会议中心
莫斯科华铭园中国贸易中心

建筑二院一所

　　建筑二院一所是中国建筑设计院的酒店专业化设计团队。团队组建于 2007 年，成立至今完成了包括雁栖湖凯宾斯基精品酒店、钓鱼台前门宾馆院落整治修缮工程、黄山昱城皇冠假日酒店、南京青奥中心酒店、大连君悦酒店、北京三里屯通盈中心洲际酒店、青岛德国中心 intercity 酒店等多个重要酒店项目的设计，积累了丰富的设计经验。团队熟悉酒店设计流程和技术要求，与国内外多个酒店管理公司和相关设计团队有长期合作。团队注重设计与研究相结合，强调建筑与环境、建筑与人之间的和谐关系，探索现代建筑语境下传统文化的传承与发展，以成就客户、塑造品牌为团队的核心目标。

大连君悦酒店

Grand Hyatt Dalian

项目业主： 华润置地（大连）有限公司

建设地点： 辽宁省大连市

建筑功能： 酒店及公寓

用地面积： 15 000 m²

建筑面积： 95 734.61 m²

设计时间： 2009—2011 年

项目状态： 建成

设计单位： 中国建筑设计院有限公司 & 美国 GP

设计团队： 叶铮、刘勤、魏辰、余洁

　　大连君悦酒店位于大连市星海湾星海广场一号，地理位置得天独厚，十分优越。场地西北侧为星海湾壹号住宅用地，东北侧为星海广场，南侧隔滨海路即为星海湾浴场。用地为不规则多边形，南北最长约 183 m，东西最宽约 115 m，建设用地面积约 15 000 m²。君悦酒店布置在用地中心，整个建筑由一栋可三面观海的高达 196.01 m 的塔楼及 4 层裙房组成，建筑造型独特。主要功能为五星级标准的豪华酒店和酒店式公寓，其中酒店设有客房 377 间，酒店式公寓 84 套。

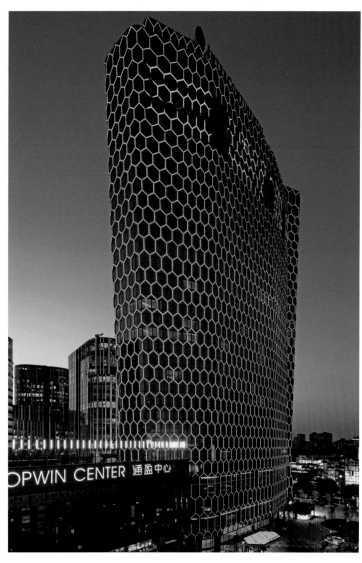

北京三里屯通盈中心洲际酒店
InterContinental Beijing Sanlitun Tongying Center

建设地点： 北京市朝阳区

用地面积： 11 584 m²

建筑面积： 122 000 m²

建筑高度： 148 m

设计时间： 2010—2011 年

竣工时间： 2015 年

方案设计： 美国 HOK

设计人员： 叶铮、刘勤、宋焱、杨丽家、王锁

　　北京三里屯通盈中心洲际酒店紧临三里屯 SOHO，作为洲际酒店的北京旗舰店，其时尚靓丽的外形成为三里屯的新地标建筑。通盈中心为超高层商业建筑综合体，包括五星级酒店、公寓以及高端商业。

　　设计在用地紧张的情况下着重解决了酒店复杂的功能流线与周边城市肌理有机融合的问题，通过悉心设计，建筑空间和城市空间有机结合，保持了空间的连续性，并通过建筑独特的造型为本地区塑造了新的地标建筑。酒店塔楼外立面运用六角形铝合金型材及 LOW-E 镀膜玻璃幕墙结构，结合不同颜色及透光率的玻璃制造出质感丰富又不失光洁特质的立面效果，体现了细腻、简洁、大气的现代建筑风范。极具雕塑感的银色体量更使其从周边风格迥异的建筑中脱颖而出，对周边的城市景观起到了协调统率的积极作用。

钓鱼台前门宾馆院落整治修缮工程
Courtyard Diaoyutai State Guesthouse Renovation

建设地点： 北京市前门东大街 23 号
建筑功能： 酒店及会所
用地面积： 14 592 m²
建筑面积： 10 223 m²

设计时间： 2005—2008 年
项目状态： 建成
设计单位： 中国建筑设计院有限公司
设计团队： 崔恺、叶铮、李晓梅、陶景阳、彭勃

该项目为钓鱼台前门宾馆院落整治修缮工程，位于北京市前门东大街23号，北临东交民巷，南临前门东大街，东面为中共中央办公厅毛主席纪念堂管理局，西面为天安门管理委员会。

该项目地处北京市核心区，原址为20世纪初美国公使馆所在地，地块内现存物中有5栋北京市文物保护建筑、9棵挂牌古树。该院落中现有多家机构办公，规划总用地面积14 592 m²。

改造方案在保留文物建筑、古树，复建北大门及围墙，新建南大门及围墙的基础上，对院落进行复建和整治，将建成包括餐饮、俱乐部、画廊、剧场在内的顶级文化和生活时尚中心。

北京雁栖湖国际会都（核心岛）精品酒店

Boutique Hotel in Beijing Yanqi Lake International Coference Resort

项目业主： 北京北控国际会都房地产开发有限责任公司
建设地点： 北京市怀柔区
建筑功能： 酒店
建筑面积： 437 937.739 m²
设计时间： 2011—2012 年
项目状态： 建成
设计单位： 中国建筑设计院有限公司 &AECOM
设计团队： 叶铮、刘勤、宋焱、杨丽家
获奖情况： 2015 年度北京市第十八届优秀工程设计三等奖

　　雁栖湖国际会都精品酒店定位于服务国际高端峰会，作为亚太经济合作组织（APEC）第22次领导人非正式会议、G20峰会所用的世界级的会议、接待、旅游场所，将成为一个新的国宾级会议接待目的地。规划及建筑设计旨在传承传统文化，探求建筑与自然的和谐共生，打造满足现代会议需求的传世经典建筑。

　　雁栖湖国际会都精品酒店的总体规划设计依托起伏的山势地形、水域，自然形成独立岛屿并依托山势形成纵横两条轴线，基地轴线对应远方山景，重要建筑与广场沿轴线布局，塑造独特的场所体验。整个规划范围内的总体布局、景观设计和建筑外观要体现中国皇家园林及传统建筑风格，同时也借鉴和利用现代建筑文化的语言、特点和表现手法（新中式），充分利用现有的自然景观条件，打造出饱含中国文化的山水会议度假胜地。

　　精品酒店位于核心岛的东部，紧临会议中心。场地地形西高东低，地面高程85~96 m。项目北侧、西侧及南侧均有道路衔接，南侧结合游艇码头直接延伸至雁栖湖岸边。酒店建筑布局采用院落围合式，利用东西向场地高差，使建筑群呈现既分散又相对集中、错落中呈现秩序的风格，从空间上体现中国传统院落的布局精髓。"坡屋顶的现代处理"的设计元素，继承与弘扬了中国传统建筑文化，漫步其中，静静感受古典园林及传统文化韵味。酒店利用岛东岸U形水湾，以单元组合方式，合院朝向湖面展开，使所有客房均有良好的湖面景观，同时又具有一定的私密性。内院延伸处设有游艇码头，是整个园区水上活动的集散点。

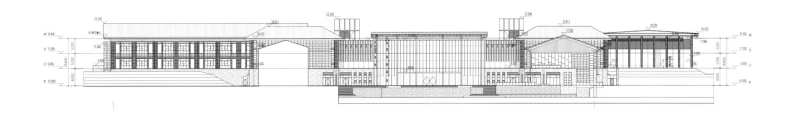

黄山昱城皇冠假日酒店
Crowne Plaza Huangshan Yucheng

项目业主： 黄山旅游发展股份有限公司
建设地点： 安徽省黄山市
建筑功能： 酒店
用地面积： 36 400 m²
建筑面积： 72 995 m²
设计时间： 2007—2010 年
项目状态： 建成
设计单位： 中国建筑设计院有限公司
设计团队： 叶铮、马琴、杨珊珊、沙松杰
获奖情况： 2015 年度北京市第十八届优秀工程设计二等奖
2015 年度全国优秀工程勘察设计三等奖

黄山是同时拥有世界自然和文化双遗产的城市，有着悠久的历史和灿烂的文化。徽州民居和皖南村落更是中国建筑艺术史上的一朵奇葩。如今，黄山又因为旅游业的蓬勃发展而开始了新一轮的经济腾飞，现代和时尚使这座城市焕发出了勃勃生机。黄山昱城皇冠假日酒店位于黄山市屯溪区新安江南岸，徽州大道北侧，毗邻市中心，成为黄山市的标志性建筑之一，承接会议和旅游接待的任务。作为旅游窗口和城市形象的五星级酒店，必须结合传统和现代两种文化特征，体现黄山的特色和风貌。用地北侧为新安江和滨江湿地公园，南侧可以远眺柏山，有着得天独厚的景观条件。黄山昱城皇冠假日酒店的设计以景观和观景为出发点，对传统文化进行了提炼，用现代的建筑语言来诠释徽州深厚悠久的历史文化，力求体现徽派建筑与现代高级酒店的完美统一。

酒店主体采用双 L 形退台布局，不仅在立面上用高低错落的片墙抽象了徽州村落中参差的马头墙，而且可以为酒店创造出多种不同类型的景观客房，提升了酒店的品质。从城市的角度出发，这种双 L 形退台式处理手法，可以减弱建筑的体量，很好地与北侧的低层会所和湿地公园融合在一起。 双 L 形连接处为酒店的公共部分，既可以独立对外经营，也可以让酒店客人经过最短的路线进入其中，体现方便性、灵活性和经济性。公共部分的外墙采用具有中式风格的幕墙设计，图案取自传统民居中的古典样式。白天典雅内敛，晚上轻盈透明，体现了传统文化元素与现代建筑科技的融合。

　　酒店主体建筑的外墙采用浅色石材和青灰色石材，力图体现徽州民居粉墙黛瓦的韵味和高档酒店高贵典雅的气质。砖雕、石雕、木雕是徽州民居中的特色元素，体现了徽州民居在朴素的外表下丰富和精巧的内涵。酒店设计也提取了这些元素，用现代的语言把它们反映在建筑的细部和装饰上，使之成为酒店的一大特色。

图书在版编目（CIP）数据

最具影响力青年建筑师 / 优筑文化编著 . — 天津：
天津大学出版社，2019.8
　　ISBN 978-7-5618-6501-9

　　I.①最 … Ⅱ.①优 … Ⅲ.①建筑师 – 作品集 – 中
国 – 现代 Ⅳ.① TU206

　　中国版本图书馆 CIP 数据核字（2019）第 174246 号

ZUIJU YINGXIANGLI QINGNIAN JIANZHUSHI

编　　　辑	优筑（北京）文化传媒有限公司
媒 体 报 道	ArchShow
统　　　筹	高慧
编辑部主任	林晓虹
编　　　辑	康建国　林新　周晴　郭嘉　任飞
美 术 设 计	吕东升
策 划 编 辑	陈柄岐

| 出 版 发 行 | 天津大学出版社 |

地　　　址	天津市卫津路92号天津大学内（邮编：300072）
电　　　话	发行部：022-27403647
网　　　址	publish.tju.edu.cn
印　　　刷	廊坊市瑞德印刷有限公司
经　　　销	全国各地新华书店
开　　　本	230mm×300mm
印　　　张	13.5
字　　　数	247千
版　　　次	2019年8月第1版
印　　　次	2019年8月第1次
定　　　价	298.00元